シリーズ

地域の再生 4

# 食料主権のグランドデザイン

自由貿易に抗する日本と世界の新たな潮流

村田　武　編著
山本博史　早川　治
松原豊彦　真嶋良孝
久野秀二　加藤好一

農文協

# まえがき

２０１０年8月5日、ロシアのプーチン首相は、「記録的な猛暑と少雨の影響で干ばつ被害が広がり、穀物生産が落ち込んでいる。国内の穀物価格上昇を抑えるために、小麦など穀物について、8月15日から12月末まで輸出禁止措置をとることが妥当だ」と発表した。テレビ画面のプーチン首相の顔つきはいつもながらの強面で、国際社会に申し訳ないとの思いはまったく感じさせなかった。

それもそうだろう。ロシアが加盟交渉中のＷＴＯ（世界貿易機関）は、「１９４７年のガット」の規律をそのまま継承しており、その第11条で商品の輸出入に「数量制限の一般的廃止」を規定しながら、「輸出の禁止又は制限で、食糧その他輸出締約国にとって不可欠の産品の危機的な不足を防止し、又は緩和するために一時的に課するもの」には適用しないとの例外措置を認めているのである。農産物の完全な自由貿易体制の構築をめざすＷＴＯは、その農業協定（ガット・ウルグアイラウンド農業合意）で、輸入国には国内市場の全面的な開放を要求する一方で、穀物輸出国には、国内穀物価格の抑制を優先する輸出禁止を認めるという「二重原則」を抱え込んでいるのである。

地球温暖化と気象災害の頻発による世界農業の混乱と供給の不安定化が強まるなかにあって、ＷＴＯ自由貿易体制と世界最大の穀物供給国アメリカの穀物需給管理政策の放棄が、その限界を露呈している。それは同時に、①世界食料危機と深刻化する食料安全保障問題を解決するには、貿易における強者の「論理」を排し、真の国際連帯の途をさぐるオルタナティブしかないこと、②そして「食料主権運動」に代表される諸国民のシステム転換要求と、国連の基本的人権としての「食料への権利」を国際社会の法制度として確立させようという運動の結合以外にないこと、またそれが実現可能な道であることを国際社会は合意できる段階にきているのではないか、③そのなかにあって、わが国は、日本農業の再建と食料自給率の向上、換言すれば「アメリカの食料の傘」（日米安保体制）からの脱却に本格的に着手すべきこと、したがってTPP参加はもってのほかである。これらの総体を、本書では「食料主権のグランドデザイン」というタイトルに込めている。

序章（村田武）、第1章（村田武・山本博史）、第2章（早川治）、第3章（松原豊彦）では、動揺するWTO体制と、世界農業と農産物貿易の新動向を分析し、先進国の農政転換の意味を問う。第4章（真嶋良孝）と第5章（久野秀二）は、国際農民組織ビア・カンペシーナの「食料主権」と、国連の「食料への権利」に世界食料危機解決へのオルタナティブをみる。そして、第6章（加藤好一）と第7章（村田武）では、わが国の農業の再生と食料主権の確立をめざす協同組合運動と農業政策のありようを提起する。最後に終章でTPPと農業・食料主権は両立しないことを明らかにする。

本巻では、食と農の第一線で活躍される実践家にも登場願った。農民運動全国連合会の真嶋良孝副会長と、生活クラブ生協連合会の加藤好一会長である。執筆者一同、貿易における強者の「論理」を排し、真の国際連帯の途をさぐる課題に実践家と研究者が協働して取り組んだ本書が、食と農をめぐる運動への確信を生み出し、幅広い支持を得ることを願っている。

二〇一一年一月

村田　武

シリーズ　地域の再生　4

# 食料主権のグランドデザイン

## ――自由貿易に抗する日本と世界の新たな潮流

目　次

## 第1章　WTO体制下の世界農業と途上国 —— 33

# 序章　溶解するＷＴＯ体制と台頭するオルタナティブ

## １　世界同時不況下の消費不況が農業を直撃

わが国は世界同時不況のただ中にあって、深刻なデフレ経済に見舞われている。アメリカの金融危機は世界中に広がったが、わが国では金融危機以上に、輸出の急落が「百年に一度」の経済危機、実体経済の急激な落下につながったのである。その決定的な要因は、高度経済成長期に形成されたわが国の「対米依存・輸出依存型経済」が、１９９０年代半ばからの自動車、電機、機械、鉄鋼などの巨大独占企業の多国籍企業化とグローバルな市場拡大戦略によって、「外需依存体質」をさらに強め、生産の海外移転と国内市場の開放が、輸入拡大と国内の内需型産業の空洞化を導いたことにある。

その結果、わが国の国内総生産（ＧＤＰ）は97年から十年余にわたって停滞してきた。97年の名目

GDP514兆円に対して、07年では516兆円にとどまり、08年には498兆円に、すなわち95年の水準にまで落ち込んでいる。

今世紀に入って、この10年のわが国経済については、以下のようにみるべきである。

第一に、貧困化と格差社会化を反映して、国内では消費不振が続き、経済成長の原動力は輸出にあり、しかもわが国の輸出依存型成長はアメリカのバブルに依存したものであった。すなわち、アメリカの住宅・証券バブルのもとでの「債務依存型過剰消費」に依存した日本の自動車・家電の輸出であった。経済産業省の『通商白書2008』は、02年初めから07年末までの景気を引っ張った最大のものは輸出であって、実質GDP成長率に輸出は60・6%もの高い寄与率であったとしている。

第二に、わが国のこの間の内需不振、とりわけ消費不振は、国内の貧困と格差社会化を反映したものである。これは、巨大独占企業の法外な資本蓄積をバックアップする国の「新自由主義」構造改革の労働政策が、膨大な「派遣労働」やパート労働をはじめとする非正規労働者群を生み出し、大企業における労働分配率を低下させながら、ワーキングプア（働く貧困層）と失業の累積を引き起こしたことによる。雇用者報酬は97年の279兆円から低下し、08年では264兆円、09年で253兆円と、92年の254兆円と同水準にまで落ち込んだ。厚生労働省の毎月勤労統計調査によれば、09年度の現金給与総額は前年度比マイナス3.3%と大幅に減少している。さらに社会保障制度と所得再配分政策の削減が勤労者の家計を脅かし、家計消費支出の低下につながったことも見逃せない。家計消費の低迷のなかでデパート・スーパー業界はおよそ12年間連続して売上高の前年割れを経験している。

この成長構造のもとでは、国内の消費に依存した中小企業は伸びることができず、大企業と中小企業間における発展の不均等性が顕著にならざるをえない。この企業間格差は、大企業の立地する大都市と中小企業の多い地方部との間の地域間格差となっても現れる。

そして国内消費と家計消費支出の低迷が、農業を直撃したのである。

１９９5年に成立したＷＴＯ自由貿易体制のもとでの低廉農産物の輸入増による国産農産物の市場狭隘化と価格下落は、農業基本法農政の選択的拡大部門である畜産や果樹部門をも構造的危機に追い込んできた。これに加えて、ミニマム・アクセス（ＭＡ）米の大量輸入のもとでの生産費を割り込むまでの米価下落が、わが国農業の根幹をなす水田農業の危機を生み出すまでになった。農業総産出額は84年の11・7兆円をピークに、07年には8.2兆円にまで減少してきた。国内での農産物価格低下が顕著であって、07年11月対比で09年11月には10・5％も低下しているだけに、農業産出高は09年には7兆円台前半に落ち込んだと考えられる。また08年前半までの世界的な原油・穀物価格高騰にともなう肥料・飼料・農薬等の農業生産資材高騰が、幅広い分野で農業経営収益を低下させた。そして、今では消費不況の深まりが農産物価格の総崩れを引き起こして経営危機をより深刻なものにしている。

世界同時不況のもとでのわが国の消費不況・デフレ経済の深刻さが、農業恐慌的危機を農業分野におよぼしている点でわが国は特異な位置にある。

今、農業政策は、農産物価格のこれ以上の下落を食い止め、生産費に見合った価格へ回復させるための政策を総動員すべきである。そのうえで、なおかつ起こりうる生産費以下への価格低下に対しては、生産費補てんの所得補償で農業経営に対する緊急支援対策をとることが、農業と国土保全を担う家族農業経営を経営危機から救い出すための焦眉の課題となっている。

そして、この世界同時不況からわが国が脱出し、安定的な経済成長と国民生活の向上を支える経済構造を実現するには、外需依存体質の産業構造を改革して、内需拡大型の国民生活や環境を重視した経済成長モデルへの転換が求められる。当然、それには内需型産業を代表する国内農業の再構築が不可欠である。(1)

## 2 「自由貿易圏」構築戦略の危うさ

政権交代後の民主党政権の「新成長戦略」は、世界同時不況・デフレからの脱出を「アジア太平洋自由貿易圏（ＦＴＡＡＰ）」の構築を通じた経済連携戦略に求めるとしている。菅直人首相は、２０１０年10月１日に開会した臨時国会の所信表明演説で、貿易・投資の自由化促進に向けて、「環太平洋経済連携協定（ＴＰＰ）」への参加を検討すると表明した。

ＴＰＰ（Trans-Pacific Strategic Economic Partnership Agreement）は、シンガポールとニュージーランドの自由貿易協定（ＦＴＡ）にチリとブルネイが加わった４か国が06年に発効させた貿易・投資などを自由化する経済連携協定（ＥＰＡ）であって、発効から10年以内にはほぼ１００％の関税撤廃をめざしている。これにアメリカ、ペルー、オーストラリア、ベトナム、マレーシアの５か国が参加を希望して、２０１０年３月に交渉を開始しているものである（図序―１）。

同じく10月19日には、日本経済新聞社とアメリカ戦略国際問題研究所の共同シンポジウムで講演した前原誠司外相は、「日本のＧＤＰの第１次産業の割合は1.5％だ。1.5％を守るために98・5％のかなりの部分が犠牲になっている」と主張した。そして、10年10月末に閣議決定された「経済連携協定（ＥＰＡ）に関する基本方針」には、農林水産省や農業団体の反対を押し切って、「ＴＰＰの協議に参加する」との文言が盛り込まれるに至った。

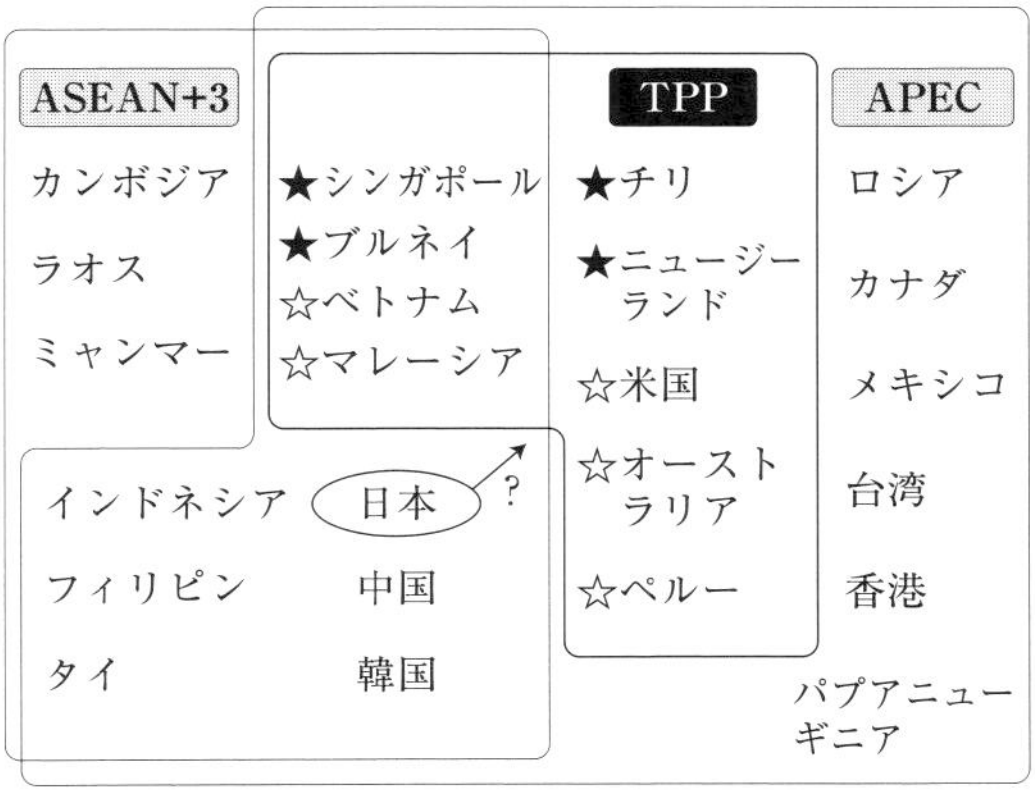


**図序−１**　アジア・太平洋地域の経済連携のおもな枠組み

資料：「日本経済新聞」2010年10月20日。
注：★は当初から参加している４か国。☆は交渉中の５か国。

２国間の自由貿易協定（ＦＴＡ）や経済連携協定（ＥＰＡ）による貿易・投資などの自由化が、先進国のアグリビジネス多国籍企業には事業の飛躍的拡大のチャンスをもたらすものであっても、先進国にいわば囲い込まれる途上国の農業にとっては、先進国市場の確保よりも、先進国農業の輸出補助金つきダンピング輸出を基礎にした競争力に圧倒されることが事実によって示されてきた。北米自由貿易協定（ＮＡＦＴＡ）がアメリカ産トウモロコシの対メキシコ輸出の急増を招き、メキシコの主食農産物トウモロコシ生産と中小農民に大打撃を与えてきたことがその典型的な事例であった。これをみた世界銀行は、報告書『２００５年世界経済予測：貿易、地域主義と開発』（04年11月）で、あえて名指しでアメリカ主導のＦＴＡが途上国にはほとんど利益をもたらさないと警告したのである。

アジアでもＦＴＡ締結の動きが顕著になったのは、成長著しい東アジアでの主導権争いが背景にある。すなわち、わが国政府・財界がめざす「東アジア共同体」構想・「アジア太平洋経済連携」（ＡＳＥＡＮ＋６）と中国のＡＳＥＡＮ＋３戦略がぶつかり、東アジアでのＦＴＡ・ＥＰＡ締結競争が生まれている。

わが国がこれまで結んだＦＴＡ・ＥＰＡの相手国は、シンガポール（発効２００２年11月）、マレーシア（同06年７月）、メキシコ（同07年４月）、チリ（同07年９月）、タイ（同07年11月）、インドネシア（同08年７月）、ブルネイ（同08年７月）、ＡＳＥＡＮ全体（同08年12月）、フィリピン（同08年12月）、スイス（同09年９月）、ベトナム（同09年10月）である。交渉を開始しているのが、韓国（04年11月以降交渉中断）、ＧＣＣ（サウジアラビアなど湾岸協力理事会加盟国６か国）、インド、オーストラリア、ペルーの各国である。(2) 民主党政権への政権交代後では、10年９月９日に、「日印ＥＰＡ」について日本とインドの次官級協議が実質合意に至っている。

ところで、わが国がこれまでに合意したＦＴＡ・ＥＰＡの農林水産分野についての特徴は、豚肉・牛肉（メキシコ、チリ）、鶏肉（メキシコ、チリ、フィリピン、タイ）など食肉の低関税枠の設定や、果実（オレンジ・オレンジジュース、バナナ、マンゴーなど）の同じく低関税枠の設定や関税撤廃がなされているのに対し、米麦・米麦調製品、指定乳製品、でん粉、砂糖などの国内農業への打撃の大きい品目については除外されているところにある。

しかし、自公政権下で07年4月から開始された日豪EPA交渉は、2010年4月には第11回会合が行なわれるに至っているが、この日豪EPAはこれまでのEPAとは様相を異にしている。日豪EPAについては、オーストラリアが石炭、液化天然ガス、鉄鉱石等の重要資源のわが国への最重要供給国であるだけに、中国が資源輸入を急膨張させ、オーストラリアとのFTA交渉開始を05年に合意し、08年10月までに合計12回の会合を重ねており、それがわが国にとっての資源供給源を脅かされかねないとする財界の危機感を生み、速やかな交渉の進展を求めるプレッシャーとなってきた。問題は、オーストラリアは牛肉、乳製品、砂糖、米麦など6000億円を超える農林水産物の巨大な輸入相手国だということだ。オーストラリアとの交渉妥結にはこれらの重要農産物の関税撤廃を避けがたく、日本農業に壊滅的打撃を与えざるをえないところにある。主として熱帯果実の低関税枠の設定でわが国の要求を呑ませることのできたこれまでの東南アジア諸国とのEPAとは本質的に異なるのである。

前原外相の、「農業はGDPで1.5%」だからたいしたことはないとする暴論で国内農業の再構築の必要性を切って捨てる主張を聞くとき、民主党政権が日本経団連に代表される産業界の圧力に押されて進めるオーストラリア、さらにアメリカとのＥＰＡでは「農業との両立を図る」ことはまったく不可能であり、日本農業に壊滅的打撃を与えざるをえないこと、平成22年度に着手した「米戸別所得補償モデル事業」のような自由化にともなう農産物価格破壊に対する補償では展望が開けないこと、したがって民主党政権がマニフェスト、さらに新しい「食料・農業・農村基本計画」で掲げた「食料自給率を50％に向上させる」という政策が破綻することを承知しながら、２国間ＥＰＡに対する国内の抵抗を、環太平洋の多角的ＥＰＡへの参加で一挙に正面突破しようというのであろう。まことに危ういとしなければならない。

## 3　穀物需給のひっ迫化

今世紀に入って、世界的な穀物供給の不安定化と新たな需要の登場が穀物需給をひっ迫基調に転じさせた。世界の穀物価格を左右するシカゴ穀物相場は、長期の低迷を脱して２００６年秋から急騰した。この穀物商品相場の異常な高騰は、アメリカの住宅バブルとサブプライム・ローンの破綻で行き場を失った国際投機資本の一次産品市場への大量流入による投機的な高騰でもあったが、今後も穀物需給はひっ迫基調で推移し、穀物国際価格は07年半ばの高値水準を維持すると予測されている（図序―２）。

そして、この穀物価格の高騰のなかで、国際社会を驚かすことになったのは、ひとつには、ハイ

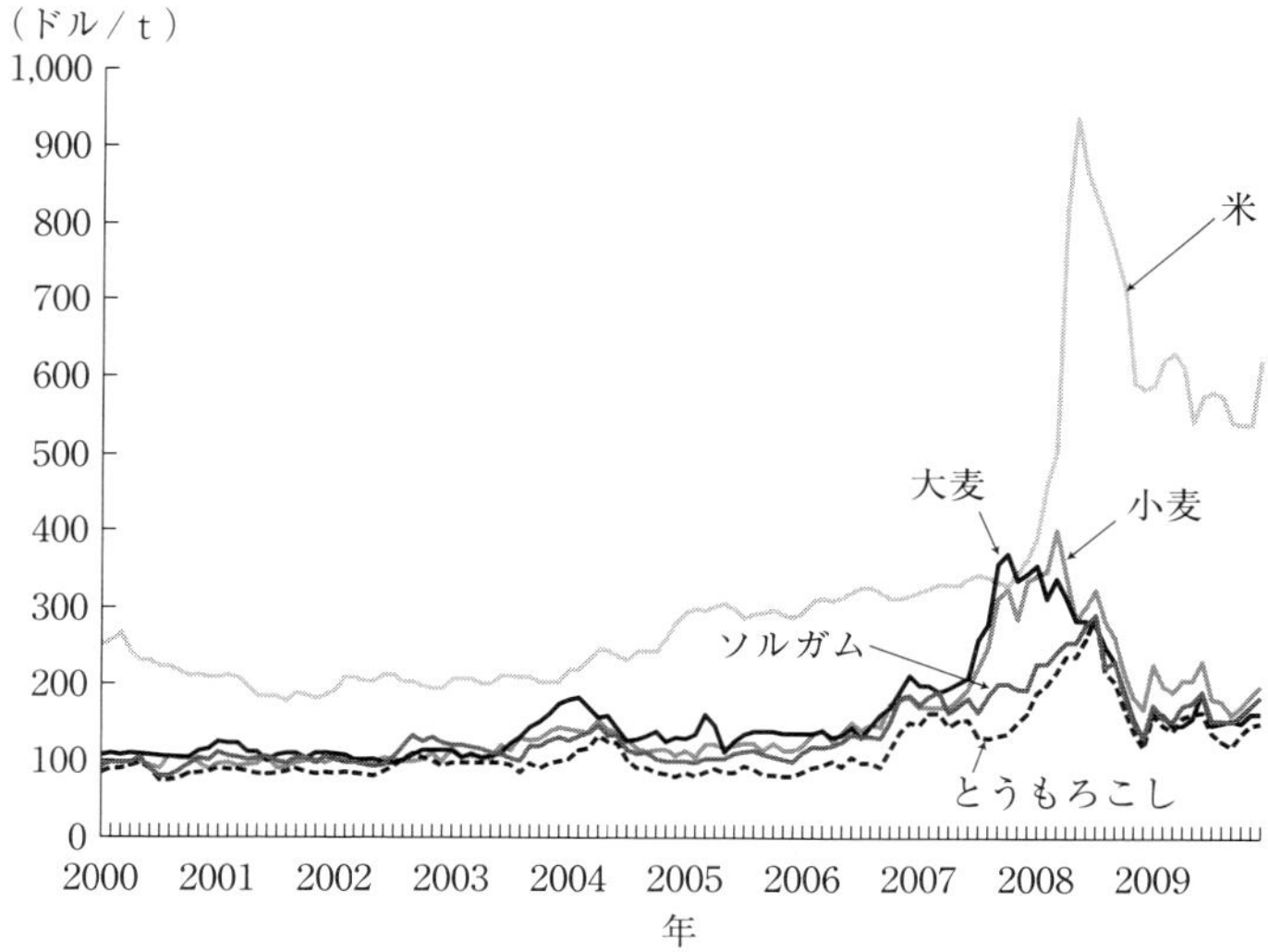


**図序-2　穀物の国際価格の推移**

資料：ロイター・ES＝時事、タイ国家貿易取引委員会、IGC（2009年12月まで）。
注：1．小麦、とうもろこしについては、シカゴ商品取引所における毎月第1金曜日期近価格（セツルメント）である。
2．米は毎月第1水曜日のタイのうるち精米100％2等、大麦は毎月第1金曜日のフランス飼料用、ソルガムは毎月第1金曜日の米国ガルフのFOB価格である。

チ、フィリピンなど途上国の都市で食料を求める貧困層の暴動発生のニュースであった。いまひとつは、ヨーロッパやアジアの穀物輸出国の輸出規制と輸入国の輸入量確保の動きが顕著になったことである。ＥＵが穀物輸出関税を賦課し、ロシアが穀物についてＯＰＥＣ並みに穀物輸出国カルテルを提案するなどの動きがメディアの外信欄を賑わすことになった。

　国連食糧農業機関（ＦＡＯ）主催の「世界の食料安全保障に関するハイレベル

会合（食料サミット）」（08年6月）や、「主要国首脳会議（洞爺湖サミット）」（08年7月）が、さらに09年ラクイラG8の共同声明「食糧安全保障イニシアチブ」など、にわかに世界食料危機への国際社会の対応を議論せざるをえなくなったのも記憶に新しい。

この間にあって、アメリカは穀物の国際的な需給管理の再構築をリードするのではなく、トウモロコシのバイオ燃料原料需要の補助金による創出で過剰処理の道を拓いた。バイオ燃料ではアメリカに先行していたブラジルがサトウキビのバイオエタノール化を拡大し、これらを追ってEUが共通農業政策（CAP）の見直しのなかでナタネのバイオディーゼル化を推進している。さらに、中国が1990年代後半に積み上がった穀物在庫の処理を主たる目的に、今世紀に入ってバイオエタノール化を奨励した。近年の国際穀物価格高騰の背景として、2000年以降に世界の穀物在庫が減少し、1970年代の食料危機段階と同水準の20％以下にまで低下したことがある。ところが、この穀物在庫の急速な減少には、中国における在庫の急減が大きく寄与しており、その他地域の在庫はそれほどの変化はないのである。

それに加えての「農地争奪」の動きである。"Land Rush"（「土地への殺到」または「土地熱」）とか"Farmland Grab"（農地横領）といった言葉がメディアでは使われている。これは、農業に不可欠な水資源が枯渇する一方、オイルマネーで潤う中東産油国を中心に、中国、韓国やインドも加えて、食料輸入国が、土地と水が豊かな外国で農地を取得し、穀物生産に投資する動きが勢いを増しているというのである。たとえば、サウジアラビア政府がウクライナ、パキスタン、タイや、スーダンで肥沃な土地を求め、トウモロコシ、小麦、米などを栽培する大規模プロジェクトを立ち上げ、その後に民間企業が事業に乗り出す。個々のプロジェクトの取得面積は10万haを超え、生産された作物の大部分が本国に輸出されるというのである。英字紙「フィナンシャル・タイムズ」は２０１０年7月27日付けの「世界銀行が『農地横領』に警告」という記事で、公式データだけでも２００４年から09年の間に、スーダンの３９０万haをトップに、モザンビークの２６０万ha、リベリアの１６０万ha、エチオピアの１２０万haなど、大規模な農地の権利移動があると報じている。

月刊誌『地上』（２０１０年8月号）で、『家の光』編集部の辻井朋人氏は、「マダガスカル　ねらわれた農地」と題して、アフリカ大陸の東に位置する島国・マダガスカル共和国北西部の陸稲生産地帯が韓国やインド資本による農地争奪の最前線であることを報じている。この「農地争奪」の動きに注目し、農業情報研究所の北林寿信氏は、国連食糧農業機関（ＦＡＯ）のジャック・ディウフ事務局長が、「自国の食糧安全保障を強化するために海外に農地を確保しようとする食料輸入国の動きは『新植民地』システムをつくり出す恐れがあるとの警戒を発した」と伝えている。北林氏は、テレビ報道「ＮＨＫスペシャル」の「ランドラッシュ　世界農地争奪戦」が、やみくもに「わが国の食料安全保障にとって、外国での農業投資に日本は乗り遅れてはならない」としたことを強く批判している。(3)

２０１０年10月に新潟市で開かれたアジア太平洋経済協力会議（ＡＰＥＣ）では、食料安全保障担当大臣会合が採択した「新潟宣言」が、ＡＰＥＣ地域での農業生産の増大の必要性で合意するとともに、この「農地争奪」について、「責任ある農業投資を促進する」として、自国以外での無秩序な農業投資に歯止めをかけるべきだとした。

## 4 ＷＴＯの農産物自由貿易体制

さて、国際連合を中心とする国際社会は、１９７０年代初めの世界食料危機以来、とくに低開発途上国における貧困と飢餓の克服が、冷戦体制下の緊張緩和と並ぶ最重要課題であるとすることで合意に達していた。しかし、国際社会の現実は、アメリカとＥＵ間で80年代に深刻となった農産物過剰と貿易摩擦の緩和を最優先し、ガット（関税貿易一般協定）の多国間貿易交渉であるウルグアイラウンド（１９８６～93年）で、先進農産物輸出国にとって優位なＷＴＯ（世界貿易機関）体制を構築することを許すことになった。

アメリカがＥＵと結託し、わが国や途上国を押さえつけて95年に成立させたＷＴＯは、それまでのガット体制、すなわち工業製品と農産物を事実上別扱いにし、農産物については国内農業を守るための輸入数量制限など関税以外の貿易障壁を容認する「柔らかで現実的なガット」体制を否定し、農産物も関税しか認めない自由貿易体制を成立させたのである。

しかも、各国の農業政策を市場原理指向の「新自由主義的農政」に転換させるという合意も押しつけた。その背景には、アメリカのカーギル社をはじめとする穀物商社や農業・食品関連産業の巨大企業、すなわちアグリビジネス多国籍企業の力が強まり、アメリカ政府の農業・農産物貿易政策に決定的な影響力をもつに至ったことがある。これがまさに、1980年代に始まるアメリカと多国籍企業主導のグローバリゼーションでありWTO体制であった。

このWTO体制は、当然のことながら、国際社会の飢餓との闘いに水をさすことになる。96年の食糧サミットの「世界食糧安全保障に関するローマ宣言」も、また、国際社会の飢餓との闘いの基礎となっていた「食糧安全保障は国連規約の中で確認された人権の一つである」とする「経済的、社会的及び文化的権利に関する国際規約（社会権規約）」（1966年の第21回国連総会で採択、78年に発効）も、事実上棚上げされることになった。さらに、1950年代以来の、緩衝在庫や輸出割当などによって砂糖、コーヒー、ココアなどの一次産品の国際価格の安定をめざした国際商品協定や、UNCTAD（国連貿易開発会議）が76年の第4回総会で採択した「一次産品総合プログラム」など、途上国農業の安定的発展をめざす国際社会の農産物貿易管理体制、つまり、農産物に関しては管理する以外に食料安全保障実現はありえないという常識が、WTOの農産物自由貿易最優先によって、アンフェアなものとして退けられてしまったのである。WTOは農業をめぐる戦後国際社会の多元的な国際関係づくりを崩したのである。

WTO農産物自由貿易体制のメダルの裏側は、先進国農政の市場原理農政（増産を刺激しないデカップリング）への転換である。アメリカが「1996年農業法」によって穀物生産調整（セット・アサイド）を廃止したこと、すなわち世界最大の穀物生産輸出国が穀物の需給調整を市場まかせとし、需給管理政策から撤退したことが決定的であった。ただし、このアメリカ農政は巨大穀物商社には輸出払戻金を与えてダンピング輸出できる体制は維持するものであったから、これは97年のアジア経済危機をきっかけにした国際穀物相場の反落・長期低迷に拍車をかけるものとなった。そして、その後ほぼ10年も続く国際穀物価格の低迷は途上国の主食穀物農業に打撃を与え、小農民の所得向上の道を塞ぐものであった。ここに途上国農業と農村とが、国民食料穀物の生産性向上・増産ではなく、熱帯産品の輸出農業に依存する動きを強めさせ、今度は熱帯産品の過剰生産と国際価格の暴落を招くという悪循環を生み出すことにもなったのである。その典型が熱帯飲料作物コーヒー豆であった。コーヒー豆は熱帯農産物のなかでもその輸出外貨に依存する途上国が多数で、貿易額もきわだって大きいが、国際コーヒー価格の1997年以降の過去30年の最低水準への急落と長期低迷は、「コーヒー危機」とされ、とりわけコーヒー依存度の高い周辺低開発途上国の農村を危機に追い込んだのである。(4)

## 5　反グローバリゼーションのオルタナティブ

この間において、アメリカと多国籍企業主導のWTO体制に反対する世界的な運動が姿を現すことになる。とくに1999年末のシアトルWTO閣僚会議に反対する運動をきっかけに、先進国主導の世界資本主義システム再編（グローバリズム）に対する代案「もう一つの世界が可能だ」（〝Another world is possible〟）を突きつける社会運動の世界的な広がりがみられようになった。2001年には

第1回「世界社会フォーラム」(ブラジル・ポルトアレグレ)が開催され、より大規模な運動に向かっている。このような趨勢が生まれた背景には、WTO自由貿易体制が、多国籍企業に世界的な事業拡大の機会を与えるだけで途上国の経済発展に結びつかず、むしろ貧困と格差拡大をもたらすものであることが広く知られるようになったこと、そして、有力途上国の世界経済における地位が向上し、グローバリズムにNOを突きつける世界的なNGO運動が広がって途上国政府との連携が進んだことがある。

03年には、WTO第5回閣僚会議(メキシコ・カンクン)が、インドやブラジルにリードされた途上国の反対によって、ドーハラウンドの妥結に失敗している。グローバリゼーションを支える先進輸出国主導のWTO体制は、発足後10年もたたずに、あなどれない〝抵抗勢力〟の成長に直面することになったのである。

途上国政府のアメリカやEUに対する対抗力がアップしているのは、グローバリズムに反対する農民運動が各国で成長しており、皮肉にもWTO閣僚会議がその国際連帯運動の場を提供していることにもある。その代表格である国際農民組織「ビア・カンペシーナ」が今や世界の農民運動の最大勢力に成長して、「農業をWTOから外して食料主権を確立する」ことをめざす「農業改革のためのグローバル・キャンペーン」を広げている。

カナダのセント・マリー大学(ノヴァスコシア州ハリファックス)の国際開発研究部門主任のS・ボラスを中心とする研究グループは、最新の研究成果として『グローバリゼーションに立ち向かう国際農民運動』を発表した。国際的な農民運動が活発化しネットワークを強めており、その最大組織が「ビア・カンペシーナ」であるとして、とくにラテン・アメリカと東南アジアにおける運動の広がりに注目して、以下のように指摘している。

「国際農民運動は20世紀初め以来の存在であるが、しかし、１９８０年代末、90年代初頭にいたって登場する新国際農民運動とともに大きな質的転換が起こっている。まさに多くの人にとっては驚きであるが、１９７０年代初めにブレトン・ウッズ体制という世界経済を管理する枠組みが崩壊し、グローバリゼーション時代の開始とともに始まった自由市場の巨大な破壊力に立ち向かい、批判する最強の対抗勢力として世界各地の小零細農民が登場したのである。[5]」

先進国の市民消費者のなかには、途上国の小農民生産者やその生産組合・協同組合と連携して、生産費を補てんする適正価格での熱帯産品の輸入を組織し支援する「フェアトレード」運動が広がっている。

近年におけるフェアトレード運動の広がりは、１９８９年に「国際コーヒー協定」が生産輸出国への輸出割当制による需給調整機能を失ったなかで、コーヒー価格の下落が始まり、とくに97年から04年にいたる長期の暴落と低迷となり、世界のコーヒー生産農民に深刻な打撃を与えることになったことが大きな契機となった。この間において、多くの熱帯諸国の小農民にとって最大の輸出商品作物となったコーヒーであったために、コーヒー価格の下落はＷＴＯ体制下のグローバル化の構造変化の象徴ともなったものであった。というのも、１９８０年代からの20年間において、主要な農産物一次産品の輸出価格は、コーヒーの64％低下だけでなく、砂糖の77％、ココアの71％、コメの61％という低下に見舞われたのであって、とくにコーヒーはエチオピアやブルンジ、ウガンダといったアフリカ低開発国諸国を代表に、過半の外貨を獲得する輸出産品になっていたからである。

このようななかで、たとえばイギリスのオックスフォードに本部をおく世界最大級の途上国支援NGO（非政府組織）であるオックスファム（Oxfam）の途上国支援キャンペーンがある。そこでは、フェアトレード運動は、紛争・自然災害に対する緊急人道支援、途上国人民の自立をめざす農村開発支援、保健医療支援など多様な支援活動と一体で、先進国市民のなかに途上国の貧困問題を啓蒙する重要な活動として位置づけられている。このような動きが、フェアトレード運動を世界的なものにしているのである。

１９９０年代にコーヒーに関するフェアトレードを広げたのは、１９８９年に国際オルタナティブ・トレード連盟（ＩＦＡＴ、本部はオランダ）が結成され、70か国の３５０に上るフェアトレード団体のネットワーク組織となっていることや、１９９７年に国際フェアトレード認証ラベル機構（ＦＬＯ、本部はドイツ）が結成され、「フェアトレード基準」（Fairtrade Standards）を設定し、フェアトレード認証生産者団体を支援する活動を行なっていることが大きい(6)。

さて、２００８年秋の「アメリカ発の金融危機」をきっかけとする世界的な金融・経済危機は、まさにパックス・アメリカーナの終焉・米欧主導ＷＴＯ新自由主義型グローバリゼーションの修正へ向かう画期であろう。グローバル・ガバナンスの再編問題が本格的に登場しており、「日本経済新聞」

の社説でさえ、「G8に限らず国連やIMF・世界銀行、OECDなど20世紀にできた国際機関の再編も含め、今世紀の平和と経済、環境問題などにとり組む体制を模索する時に来ている」（09年7月10日「社説」）としている。

国際社会の焦眉の課題となった地球温暖化への取組みは、1992年の「地球環境サミット」を起点に、気候変動枠組み条約と生物多様性条約によって、食料生産だけでない農業政策に転換し、環境政策と農業政策の統合をめざす方向が確認されるにいたった。「ラムサール条約第10回締約国会議」（08年・韓国）の水田決議では水田の多面的機能が国際決議され、「COP10」（生物多様性条約第10回締約国会議、2010年10月・名古屋）では、世界の自然保護と食料危機の問題を結びつけ、農業・環境・食料政策の統合を求める流れを促進することがめざされている。

WTO自由貿易体制は、アメリカ・オバマ政権が需給管理政策の放棄からの転換を示さないなかで、その限界を露呈している。ドーハ閣僚宣言（01年）で開始されたWTO多角的貿易交渉は、正式名称は「ドーハ開発アジェンダ」であって、その「作業計画（交渉や決定）」の中心に途上国のニーズおよび関心を位置づけるとすることでようやく開始されたものであった。ところが、農業交渉は03年3月のモダリティ（約束の枠組み）の設定に失敗し、同年9月の第5回閣僚会議（カンクン）は先進国と途上国の投資や政府調達などでの対立が解けず、これまた閣僚宣言採択に至らなかった。05年1月の交渉妥結をめざしていた日程は大幅に遅れ、農業分野でも具体的成果が上がらないまま交渉が続けられており、10年末の妥結もほぼ不可能な状況にある。

ＷＴＯ発足後２０００年代前半までのほぼ10年にわたる国際農産物価格の低迷は、その後、世界的な穀物供給の不安定化による需給のひっ迫や、一次産品市場への国際投機資本の流入によって逆転し、高値水準で推移している。そして２００７年に顕著となる世界的な穀物需給構造の変化、需給ひっ迫と食料価格高騰、さらに世界同時不況のもとで、ＢＲＩＣｓ（ブラジル・ロシア・インド・中国）の成長をはじめ、国際社会における先進国と途上国の力関係の変化を反映して、途上国とくに後発開発途上国の食料安全保障問題が国際社会の最重要課題に再浮上してきた。ところが、世界最大の穀物生産輸出国アメリカは、国際的な需給管理の再構築をリードするのではなく、バイオ燃料原料需要を補助金付きで創出することで過剰処理の道を拓く一方で、ダンピング輸出から抜け出す道筋を見出せていない。それがまた、ＷＴＯ自由貿易体制の限界を露呈させているのである。

ところで、穀物輸出国が自国の食料安全保障を優先して実施する輸出規制は、ＷＴＯでは「合法」である。「ＷＴＯ農業協定」（ガット・ウルグアイラウンド農業合意）に取り込まれた「１９４７年のガット」は、第11条「数量制限の一般的廃止」の適用除外の冒頭に「輸出の禁止又は制限で、食糧その他輸出締約国にとって不可欠の産品の危機的な不足を防止し、又は緩和するために一時的に課するもの」としている。この点に限っても、ＷＴＯの農産物自由貿易体制なるものが、輸出国主導の、すなわち貿易における強者の「論理」で貫かれたものであることがわかる。

だからこそ、このようなＷＴＯ体制を抜本的に軌道修正させ、「食料主権」の確立をめざす真の国際連帯が今こそ国際社会に期待されている。

WTOドーハラウンドについては、とくに途上国との関係について、第1章で再論する。

**注**

（1）世界同時不況からの脱出とわが国経済の発展方向については、渡辺治・二宮厚美・岡田知弘・後藤道夫『新自由主義か新福祉国家か・民主党政権下の日本の行方』旬報社、２００９年が参考になる。
（2）ペルーについても、２０１０年11月に大筋合意に至った。
（3）北林寿信「世界の食料農業インテリジェンス１ NHKスペシャル『ランドラッシュ 世界農地争奪戦』の大罪」『季刊地域』№１、農文協、２０１０年。
世界穀物市場の構造変化については、農林中金総合研究所編『変貌する世界の穀物市場』２００９年が参考になる。
（4）「コーヒー危機」については、下記を参照されたい。オックスファム・インターナショナル編（日本フェアトレード委員会訳・村田武監訳）『コーヒー危機・作られる貧困』筑波書房、２００３年。村田武『コーヒーとフェアトレード』筑波書房ブックレット、２００５年。
（5）Saturnino M. Borras Jr / Marc Edelman / Cristobal Kay, *Transnational Agrarian Movements Confronting Globalization*, 2008, p.30.
（6）フェアトレード運動に関しては、以下の文献を参照されたい。辻村秀之『おいしいコーヒーの経済論』太田出版、２００９年。アレックス・ニコルズ／シャーロット・オパル編著（北澤肯訳）『フェアトレード・倫理的な消費が経済を変える』岩波書店、２００９年。渡辺龍也『フェアトレード学・私たちが創る新経済秩序』新評論、２０１０年。

Jaffee, Daniel, "*BREWING JUSTICE Fair Trade Coffee, Sustainability, and Survival*", University of California Press, Barkley, 2007. Bacon, Christopher M.(eds.), "*Confronting the Coffee Crisis*," The MIT Press, 2008.

# 第1章　ＷＴＯ体制下の世界農業と途上国

## 1　ＷＴＯとアメリカの農政転換が世界農業に打撃

### (1) 農産物自由貿易体制

ガット・ウルグアイラウンド（ＵＲ）農業交渉の合意「ＷＴＯ農業協定」によって、農業分野も新自由主義原理に支配されることになった。アメリカとＥＵは、輸出競争の激化にともなうダンピング輸出（補助金付き輸出）財政の膨張からの離脱を狙って、「生産を刺激する」農産物価格支持政策の抑制を求める「デカップリング」政策への転換と、国内農業支持の削減を、ＷＴＯ国際基準に祭り上げた。(1)

ＥＵは、アメリカと厳しく対立したＵＲ農業交渉を主導的に妥結させたいこともあって、共通農業政策（ＣＡＰ）改革に乗り出した。「１９９２年ＣＡＰ改革」である。その要点は、過剰生産と財政支出の抑制を狙って、①穀物・油糧種子・豆科牧草・デントコーンの作付けを、5年間15％減反（セット・アサイド）させる。ただし平均20ha以下の中小経営には減反を免除する。１９８４年以来の生乳生産割当（ミルク・クオータ）制度は継続する。②穀物支持価格を3年間で国際水準まで約30％引下げ、価格引下げと減反にともなう農業所得減を作付面積・減反面積を基準に、生産者に１００％直接補償する（所得補償直接支払い）というものであった。ＥＵはこの減反（生産調整）付きの直接所得支払い方式の国内農業支持を、暫定的に削減を免除される「青の政策」とすることを92年11月の「ブレアハウス合意」でアメリカに認めさせることでＵＲ農業交渉の妥結に合意し、国内農業支持削減をリードすることになった。

アメリカ・クリントン民主党政権は、１９３３年農業調整法以来の穀物セット・アサイド（減反）と、その農業調整法でセット・アサイド補償として導入された価格支持融資制度（ローン・レート制）に加えて、73年以降は「不足払い」が上乗せされた農産物価格支持を結合した農業保護制度の抜本的な転換に乗り出した。「１９９６年農業法」が明確にそれを打ち出した農業法である。セット・アサイドと不足払いを廃止し、不足払い廃止に対する補償として、穀物生産者には96年度から02年度までの7年間にわたって、「直接固定支払い」を支給するというものである。

こうして、ＷＴＯ自由貿易体制への対応としての国内農業支持削減において、ＥＵとアメリカは異なる政策をとることになった。ＥＵの場合には、価格支持水準の大幅引下げ、すなわち介入価格制度による生産費補てんの価格支持を事実上廃止するとともに、セット・アサイドの導入による生産・供給抑制への誘導をめざした。これに対して、アメリカの場合には生産費補てんの不足払いを、その受給の条件であったセット・アサイドとともに廃止するという転換であった。すなわちＥＵの場合には、過剰生産による農業財政の膨張を抑えるために生産・供給抑制、すなわち需給管理を超える「農業構造調整」農政への転換であって、「所得補償直接支払い」はまさに構造調整に農業生産者を誘導することへの補償であった。これに対して、アメリカは、農業構造調整ではなく、セーフティネットとしての不足払いと生産抑制・穀物供給管理政策も放棄するという市場指向型農政に大きく転換したのである。

さて、それからほぼ10年にわたって世界が直面してきたのは、穀物をはじめ、食肉、乳製品など先進国の輸出農産物、さらに油糧種子や綿花、コーヒー豆など途上国の産品についても、あらゆる農産物の国際価格の低迷であった。とくに１９９７年のタイの金融危機にはじまるアジア諸国の経済危機による穀物輸入の鈍化をきっかけに、穀物市況はいっきょに逆転し、長期にわたる深刻な低迷に陥った。この穀物市況の低迷は、ブラジルとアルゼンチンの大豆増産に典型的なように、ケアンズ・グループを構成する南米諸国の輸出増加もあって長期化した。

問題は、アメリカは世界最大の穀物生産輸出国でありながら、この世界農業恐慌的局面においても、ＷＴＯ自由貿易体制の軌道修正をリードすることなく、穀物過剰問題を補助金付きダンピング輸出という近隣窮乏化政策に終始したところにある。

## （2）自国農業優先のアメリカ農政

アメリカは、この長期の国際農業不況下においても、直接支払いでの国内農業支持の強化に腐心するのみであった。98年から01年までの4年間にわたっては、不足払い廃止に対する補償に加えて、穀物価格下落に対する「市場損失支払い」が支給された。

さらに「2002年農業法」では、①「価格支持融資制度」の拡充、②「直接固定支払い」の継続と拡充に加えて、③「価格変動対応型直接支払い」という96年農業法で廃止された平均生産費をカバーする「不足払い制度」を復活させた。酪農部門でも廃止されるはずだった「加工原料乳価格支持制度」の継続や、耕種部門と同様の「価格変動対応型直接支払い」の新設がなされたのである。

当然のことながら、このようなアメリカの自国農業優先の動きは、世界的な反撃を呼び込むことになった。それを代表したのが、2003年にブラジルが行なった「アメリカの綿花補助金が農業協定に違反する」というWTO提訴である。綿花は西アフリカ諸国など低開発途上国の主要輸出農産物であるが、アメリカでは穀物と同様の不足払いが実施され、加えてその輸出については輸出信用保証とともに綿花だけを対象とする「綿花ステップ2支払い」補助金が実施されてきた。綿花ステップ2支払いは、アメリカ国内産綿花の加工業者や輸出業者に対して、補助金で国産価格より低い国際価格との差額を補てんするというものである。WTOの紛争処理委員会上級審はブラジルの提訴をほぼ全面的に認め、綿花輸出信用保証と綿花ステップ2支払いをともに、05年7月1日までに廃止すべきとの最終裁定を下した。ブッシュ政権はこのＷＴＯ裁定に従って綿花ステップ2支払いを廃止せざるをえなかった。

ブッシュ政権は、２００２年農業法の期限切れの07年には、ＷＴＯ農業協定違反というさらなる提訴を避けるために、02年農業法の不足払い水準を引き下げる「２００７年農業法」案を提案する。しかし、２００８年6月に、農業団体の圧力のもとに議会が大統領の拒否権を乗り越えて成立させた「２００８年農業法」は、02年農業法の「価格支持融資制度」「直接固定支払い」「価格変動対応型直接支払い」の3本柱からなる経営安定対策の基本的枠組みを維持するものであった。それに加えて、不足払いを受給する新しい選択肢として、「平均作物収入選択プログラム」（ＡＣＲＥ：Average Crop Revenue Election）が09年から導入されることになった。これは07年以降の穀物価格の高騰と高値安定予測のもとでは、02年農業法で導入され、生産費基準の目標価格を保障基準とする「価格変動対応型直接支払い」が機能しないところからひねり出された新対策である。すなわち、この間の穀物価格の高騰がもたらした収入（全国平均市場価格×単収）を基準とするものである。当該作物の州の収入（州単収×12か月間の全国平均価格）が、州の保障額〈最高と最低の年を除く5か年の州平均単収×保障価格（全国平均価格の2年間の平均×0.9）〉を下回ったときに支払われる。保障価格はトウモロコシが1ブッシェル4・34ドル、大豆が同10・08ドル、小麦が同6・17ドルである。生産者は09年にこのＡＣＲＥへの加入を選択すると、この07・08年の高価格水準での収入が保障される。すなわち高水準の市場価格を基準にした保護水準の実質的上昇を意味する。２００８年農業法は02年農業法以上に、ＷＴＯ協定の国内農業保護削減から逆行するものとなったのである。[2]

ここに読み取るべきは、以下のことであろう。すなわち、アメリカは、①輸出市場確保のために輸入国農産物市場の開放と、②過剰生産抑制のための農産物価格支持政策の抑制・国内農業支持の削減とを、ＷＴＯ「国際基準」にすることを主導した。しかし、そのアメリカが、世界穀物農業で最優位の位置に立ちながら、輸入国には市場開放を強要する一方で、国内農業支持削減を国内政治が許さないという二重基準、すなわちＷＴＯ「国際基準」からの逸脱を避けられないということである。ここには、そもそもＷＴＯ「国際基準」が現代世界農業問題の解決にとっての基準足りえず、一刻も早くその軌道修正が求められる、ということがしめされている。

## 2　ＥＵ農業の構造調整と家族経営

### (1) ＥＵは中小農が担う酪農も構造調整へ

ＥＵの農政転換は、１９９９年の単一通貨ユーロの導入や、04年の東欧諸国へのＥＵ拡大などのＥＵ統合の進展を背景に、①さらなる価格支持水準の引下げ（それにともなう農業所得減の補償は50％にとどめる）に加えて、②ＣＡＰの「第一の柱」たる農産物市場支持政策に対して、農村開発・農業環境政策を「第二の柱」と位置づける方向が明瞭になる。現在では、「アジェンダ２０００」の中間見直しとしての「２００３年ＣＡＰ改革」（05年実施）の段階にある。

「２００３年ＣＡＰ改革」は大きな転換とされる。所得補償直接支払いを従来の作物別生産高ベースから切り離し、すなわちデカップリングさせ、農場への「単一支払い」に転換させるとしたからである。そして07年末には、ＥＵ委員会がこの２００３年改革の実施状況を精査したうえで、さらなる改革の方向を提示する文書「ＣＡＰのヘルスチェック」を発表した。08年末には、ＥＵ農相理事会はそれをもとに大筋合意にこぎつけた。「ヘルスチェック」、すなわち「健康診断」というのも意味深であるが、合意の要点を列挙すると、①多くの加盟国で残されていた作物生産規模に結びついていた直接支払いを完全にデカップリングさせる。②１９８４年以来の生乳生産割当制度（「生乳クオータ」）を２０１５年４月１日に廃止する。それへのソフトランディングのために09年度から13年度の５年間、毎年１％ずつ生産割当を増やす。③耕地面積の10％の減反政策を撤廃する。④環境保護などのクロス・コンプライアンスを簡素化する。⑤青年農業者への投資助成を5.5万ユーロから７万ユーロに引き上げるなどである。⑶

ＥＵ農政は新たな段階に達したとすべきであろう。すなわち、穀作部門での過剰生産は大規模経営による生産シェアの集積・集中という農業構造の変化と一体であったことから、穀物生産抑制＝構造調整を直接支払いで補償する「デカップリング」政策への段階的転換を進めることが可能であり、今や「減反」を廃止しても供給が増えない生産構造をつくりあげつつある。これに対し、同じく過剰問題を抱えながらEU全体としては多数の中小農民を排除できなかった酪農部門では、生乳価格の安定を確保するための需給管理対策（生乳生産割当）を継続せざるをえなかったのであるが、ここにいたってその廃止を政治日程に上せたのである。酪農部門でも大規模経営構造が支配するイギリスとデンマークの生乳生産割当廃止要求が、ドイツ、フランス等の妥協によるEU理事会決定となったものである。これは、生乳生産割当廃止にともなう生乳増産と乳価下落が中小酪農経営の離農を促進することで、生産抑制を導く形での酪農構造調整が狙いであろう。

しかし、EU共通農業政策（CAP）の展開過程と加盟国農業構造をみるとき、そこにはきわめて大きな壁があるとすべきであろう。

EUでは、①1960年代に始まるCAPの域内優先原則（輸入課徴金による域外との国境閉鎖）にもとづく「農業共同市場」政策（穀物市場介入と高水準の価格支持）が農業条件に恵まれた平坦穀作地帯における家族経営の規模を凌駕する大型穀作主幹経営への経営展開を支えた。同時にそのような好農業条件地帯は高度経済成長が安定的な農外就業機会を創出した地帯でもあったことから、大量の中小農民層に離農の機会を与えるものであった。次いで、②80年代前半に過剰生産対策として開始されたCAPの価格支持水準の抑制が中小農の離農を促進し、分解機軸の上昇・農業経営数の急減につながったこと。それが平坦穀作地帯においては、顕著な両極分解的農民層分解を進め、90年代初めには「マンスホルト・プラン」（1970年代の共通農業構造政策）が目標とする「近代的農業経営体」（家族経営ではあっても雇用労働による補完が前提）が基幹的な経営に成長するという農業構造の変化があった。さらに、③ＣＡＰが域内生産による安定的な食料供給を目標に掲げ、耕種部門における作物間の収益性バランスに配慮した価格支持政策を展開したことが、遅れて１９７３年にＥＵ加盟国となったイギリスを含め、穀物や畜産物など食料農産物にとどまらず、飼料作物、食品加工原料を含む農産物総体の生産力と域内自給力を高め、食料安全保障を主たる農業政策目標から外すことを可能にした。

このような展開のなかで、ＣＡＰのアキレス腱は、条件不利地域農業の主幹部門であり、中小経営の「滞留」が顕著であった酪農部門であった。酪農部門はＣＡＰのもと70年代初めに早くも〝牛乳の海・バターの山〟といわれた過剰問題に直面した。一連の過剰対策を経て、１９８４年にはすべての酪農経営に生乳出荷量を規制する「生乳生産割当」制の導入となった。そして、この生乳生産調整と市場買上げ乳製品（脱脂粉乳・バター・チーズなど）の補助金付きダンピング輸出で生乳の価格維持を図ってきたＥＵであるが、すでに市場買上げには厳しい上限が設定され、上述のように「２００８年ＣＡＰヘルスチェック」にいたって、①「生乳生産割当」の２０１５年廃止、②それへのソフトランディングのために09年より13年まで５年間、毎年１％ずつ生産割当引上げの理事会決定となり、酪農部門でも直接的な供給管理政策の放棄の道をつけたのである。しかし、それは直ちに生産者乳価の下落、それもかつてない低水準への大幅な下落につながったのであって、酪農経営者の激しい抵抗を生み出している。ＥＵ当局としては、条件不利地域に対しては農村開発・農業環境政策の強化で応えるということであろうが、小零細農家の経営危機が政治問題化するなかで、

市場介入による乳価引上げは不可避であろう。(4)

すなわち、中小農民層の広範な存在を前提にした農業部門、しかもその中小農民層の存在あってこそ農村の安定的維持が可能であるとき、農業政策は市場介入と価格支持を基礎にした需給管理政策を容易には放棄できないのである。(5)

ここでは、ドイツにおける中小農民の抵抗を紹介しよう。(6)

## (2) 「生乳生産割当制廃止」に反対するドイツ酪農家全国同盟

ミュンヘン北郊の大学町フライジング(ミュンヘン工科大学がある)に本部をおく「ドイツ酪農家全国同盟」(Bundesverband Deutscher Milchviehhalter：BDM e.V.)は、南バイエルン・アルゴイ地方で活動していた酪農家の地方組織10団体が合併して1998年に誕生した酪農家の政治運動組織である。合併時2500人であった会員が、とくに2004年10月以降の生乳価格の下落のなかで、ドイツ農業者同盟など既存組織に飽き足らない酪農家が全国的に参加するようになった。05年には北ドイツの旧東ドイツ・メクレンブルク・フォアポンメルン州の大規模酪農経営が運動の先頭であった組織と合併し、今や3万2000名の会員、すなわち全ドイツで約10万経営の酪農家の3分の1が参加する全国組織に成長している。ドイツ全国平均の搾乳牛規模は1経営当たり44頭であるが、BDM会員のそれは、多数を占めるバイエルン州などドイツ南部では23頭平均、しかし北部では最大2300頭という大経営(旧東ドイツの農業生産協同組合の後継)も参加しており、平均36頭である。ＢＤＭは全国の生乳生産量約２８００万ｔのうち、１２３０万ｔ、43％のシェアをもっているので、乳業企業との乳価交渉やＣＡＰ改革に対するロビー活動では無視できない存在となっている。

ＢＤＭは協同組合と同様の組織形態をとっており、全国理事会５名、評議員会20名のもとに、全国代表者会議（代議員１００名）、州代表者会議（州によって30名から１５０名）で構成され、県代表者会議の各段階で意思統一が図られている。

ＢＤＭの主たる活動は、①ＥＵ委員会やドイツ連邦政府・州政府などへのロビー活動と、②会員教育である。ごく一部、９万ｔの生乳を集荷して乳業企業に販売している。

会員教育の一環としてすでに５回実施したカナダへの研修ツアーは会員の人気が高い。ＢＤＭとしては、ＮＡＦＴＡ（北米自由貿易協定）のもとでも、乳製品の国境措置を確保して、アメリカよりも高い乳価（１kg当たり53セント）を実現しているカナダ方式をモデルと考えている。ドイツの農業団体の主流をなすドイツ農業者同盟が、保守党のドイツ・キリスト教民社同盟・社会同盟を支持しているのに対し、このＢＤＭは政治的には中立である。

以下は、ＢＤＭ本部でのＴ・ゼーム専務へのインタビュー（２００８年12月）による。

「生乳生産割当制の廃止を２０１５年に引き延ばす猶予期間」を得たので妥協したというドイツ政府やドイツ農業者同盟とはＢＤＭは明確に立場が異なる。生産割当制の廃止に反対であり、それを維持しながら、生産割当量を需要に対応させるフレキシブルな運用ができるように改善して維持すべきである。というのも、07年を通じて１kgほぼ44セントを維持していた生乳価格は08年１月から下落し始め、５月には31セントとなってそのまま低迷している。生産割当量を超過して出荷される「自由乳荷」はわずか18セントである。ドイツ国内での牛乳・乳製品需要は安定しているのに、生乳価格がこのような低迷状況にあるのは、ＣＡＰヘルスチェックで生乳生産割当の毎年１％引上げ提案が、すなわち供給増が市場にインパクトをすでに与えている結果だとＢＤＭは考えている。

ＢＤＭとしては、09年以降の生乳価格は、①中国の牛乳・乳製品輸入増加、②ニュージーランドの干ばつによる供給増ストップなどによる国際価格のアップによって、１kg40セントを乳業メーカーに要求している。２０１５年の生乳生産割当制廃止までに毎年１％ずつ割当量を引き上げることは、乳価をさらに下落させる可能性が高い。

ＣＡＰヘルスチェックは、条件不利地域の酪農経営に対する対策として3億ユーロの「生乳基金」を創設するとしている。しかし、この基金はＣＡＰのデカップリング直接支払いのモデュレーション（大規模経営に対して直接支払いを逓減させる）が原資であって、もともと農業者に対して支払われてきたものにすぎない。しかも、山地など条件不利指定地域でなくとも草地依存の酪農経営は、耕種地帯に比べれば圧倒的に条件不利である。3億ユーロを全国の酪農経営に配分するとなれば、１kgの生乳に対する補助はわずか1セントにすぎない。乳価の下落はもっと大幅である。生乳基金の支給が、増産につながる投資助成であることも問題である。

以上のように、ドイツの酪農経営の要求実現をめざすＢＤＭの主張は明快であった。

## 3　多国籍企業主導の農業技術革新と世界農業再編

### (1) 遺伝子組換え技術・情報革命「精密農業」

アメリカ農業の国際競争力を代表する穀物農業は、除草剤耐性大豆・害虫耐性トウモロコシに始まった遺伝子組換え作物の作付けの拡大や、情報革命を利用した「精密農業」の展開で新たな生産力段階にある。遺伝子組換え作物については、第２章で紹介されるように、従来の除草剤耐性や害虫抵抗性などの形質を２つ以上保有する「スタック」と呼ばれる新しい種類の組換え作物が開発され、作付面積を拡大している。(7)

アメリカ農業における技術革新に詳しい磯田宏によれば、穀作農業で実用化されている精密農業技術は、おおむね４つの要素からなる。第一に、グリッド（格子状）土壌分析であって、圃場内の土壌を2.5ないし３エーカー（１エーカーは0.4ha）などの格子ごとにカーナビと同様のＧＰＳ（Global Positioning System）でトラクターの位置を確認しながら、５個程度のサンプル筒で土壌を採取・混合して窒素、リン酸、カリの含有量およびpH（酸性度）を測定し、電子情報化する。通常は、圃場それぞれについて４年ごとに実施する。第二に、土壌分析結果にもとづく石灰および肥料の最適施用量を電子地図情報化するＧＰＳ土壌マッピングである。第三に、このＧＰＳ電子地図情報にもとづいて各種の施用機が圃場内を移動しながら、格子ごとの最適量の施用をコンピュータ制御するのが、自動制御可変施用ＶＲＴ（Variable Rating Technology）である。そして最後に、コンバインによる作物収穫時に同じくＧＰＳで位置確定をしながら格子ごとの収量を記録して電子地図情報化するコンバイン単収モニタリングである。これと土壌分析情報を組み合わせれば、作物の吸収による土壌養分減少量の推定や肥料投入量と収量との費用対効果分析にもとづいた最適施肥量の算出も可能である。[8]

## (2) バイオ燃料戦略の拡大

アメリカのエネルギー戦略によるトウモロコシのバイオ燃料（エタノール）原料需要の増大が顕著である。エタノール生産原料に仕向けられるトウモロコシは２００１年度までの１０００万ｔ台から05年度には４０００万ｔ台、06年度には５５００万ｔに達し、需要総量２億９９００万ｔの18％強を占める。12年の生産目標75億ガロンのエタノール生産のためには６８３０万ｔのトウモロコシが必要となり、それは11年度予想生産量の25％を超えると推定される。アメリカ産トウモロコシの輸出量は、過去10年安定して約１５００万ｔの日本向けを加えて、４０００万ｔ台から５０００万ｔ台（総需要量の20％弱）に増加してきた。エタノール生産向け需要の増大は、確実にこの輸出依存度を引き下げることになる。

07年１月にはアイオワ州、ネブラスカ州、イリノイ州を先頭に、全米ですでに１１８社が合計１３３工場を操業している。この１３３工場の合計生産能力は年産54・93億ガロン、さらに新たに79社が

81工場（年産56・36億ガロンの生産能力）の新規参入をめざしているので、07年中には既存・増設・新設を含めて年産１１０億ガロンを超える生産能力に達する。会社別ではＡＤＭ（アーチャー・ダニエルズ・ミッドランド）社が７工場で年産10・７億ガロンの設備をもち、さらに２・75億ガロン分の増設をするので、合計13・45億ガロンは全米生産能力の11・６％のシェアとなる。アグリビジネス多国籍企業を巻き込んだエタノール製造設備投資競争であるだけに、伸び率の変動はあっても、アメリカにおけるエタノール製造のためのトウモロコシ需要は増加の一途とみるべきであろう。バイオ燃料戦略の詳細についても第２章にゆずる。

### （３）家族農業経営の危機とその打開策

アメリカにおける農業技術革新の進展やトウモロコシのバイオ燃料原料需要の増大など新しい動きのもとで、アメリカ農業の経営構造も大きな変貌を遂げている。

この20年来の家族農業経営の急減に危機感をもったアメリカ農務省は、『アメリカの農場の構造と経営状態』と題するファミリーファーム・レポートを毎年のように出している。その最新版２００７年版によれば、農場総数は２１１万経営にまで減った。そして、残る農場のうち98％は家族農場とされている。ところが、そのトップの「大規模家族農場」（農産物販売額25万ドル以上）16万農場と、「非家族農場」５万農場を合わせた21万農場（全農場の10％）で、米国の農業産出高の75％のシェアを占めるまでになっている。他方で、販売額25万ドル未満の「小規模家族農場」１９０万農場（同

90％）のなかで、「専業的農場」は53万農場（同25％）にすぎず、残りの１３７万農場（同65％）は「定年後農場」を含む兼業・副業型小農場である。そして、80年代以降、とりわけ90年代半ば以降のデカップリング農政と農産物価格の低落のもとで、この家族農場のうち小規模農場の多くが離農を迫られ、農村社会の崩壊という危機を生み出してきた。

農務省がファミリーファーム・レポートで家族農場の危機を指摘するようになったのは、79年に民主党カーター政権下の農務長官バーグランドが、農業経営構造研究を指示して以来のことだ。同じく民主党のクリントン政権下の97年には、グリックマン農務長官が30名の専門家を指名して「小農場全国委員会」を組織し、翌98年には『行動の時だ』（"A Time to Act"）と題するレポートを提出した。そこでは、小農場がアメリカ農業と農村社会の土台であり、持続的な農村再生には活力のある小農場の存在が不可欠であるとして、少数の大規模農場とアグリビジネス企業への農業の集中を問題にしたうえで、農業財政支出をもっと小農場支援に向けるべきだとするなどの提案がなされた。アメリカ農業がますます大規模農場とアグリビジネス企業に支配される事態に対して、小農場の存在の意義を強調するというのは、農務省が自らの存在意義の喪失を危惧していることの裏返しであろう。

小規模家族農場の危機を打開する運動のなかで、野菜小零細農場については、近隣都市での直売所（ファーマーズ・マーケット）やＣＳＡ（「コミュニティに支えられる農業」、Community Supported Agriculture）など消費者との直結に活路を見出す動きが顕著である。問題は、とくに酪農や肉牛経営に多い中間経営規模の、販売額が10万ドルから25万ドルの中小家族経営である。

これにかかわって、市場指向型農政の転換を求める興味深い主張がアメリカ国内から発せられている。それがテネシー大学の農業政策分析センターが2003年に発表したレポート『アメリカ農業政策の再考』である。(9)

レポートは、「WTO体制のもとでのアメリカの市場指向型農政への転換は、国内での農産物価格を引き下げる一方で、世界市場でのアメリカ産農産物のシェアを高めさせた。そして、この農政の受益者とされたはずの農民は活力を失う一方で、主要農産物価格、とくに穀物価格の低落は、多国籍アグリビジネス企業と企業的畜産業者に事業拡大のチャンスを与えることになった」として、副題を「世界の農民の暮らしを守るための進路転換」としている。

レポートが指摘するのは、アメリカの農業政策が1996年農業法で市場指向型に大きく転換し、それまであった供給管理と価格支持のためのそれなりにしっかりしたセーフガード（安全装置）を廃止したこと。それが、穀物国際価格の激しい下落と、世界中の農民を苦しめている事態に道を開くことになり、かつこの深刻な事態を転換させるシステムをアメリカ政府は放棄したことである。「1996年農業法、すなわちアメリカ農政が市場指向型に転換したことこそ、世界的な貧困と食料安全保障問題に責任を負う」と、アメリカの農政転換を明確に批判している。

ところがアメリカ国内では、「アメリカ農業は輸出需要の伸びがあってこそ見通しがある」とする古くからの考えが息を吹き返し、農業界は国の保護や規制なしにやっていけるだけの力をつけたとする考えが支配的になった。というのも、農産物低価格がアメリカ国内の小農場を離農に追い込む一方で、国際価格を引き下げることで世界市場でのアメリカ産農産物の輸出シェアを引き上げ、政府の直接支払い財政を膨張させる一方で、その大半を得る大規模農場や垂直的統合型畜産企業農場、そして多国籍アグリビジネスの利益を膨らませ、低価格の真の受益者の地位を得させたからである。低価格の利益の多くはアグリビジネス企業や流通業者の手に収まり、消費者が低価格の受益者であるとはとてもいえない。レポートは、以上を厳しく指摘している。アメリカ国内で、しかも州立大学に籍をおく研究者グループが、これだけのことを指摘するにはとても勇気のいることであったろう。

さて、それでは現在の農業危機の解決のためのアメリカ農政の転換の方向が問題になる。レポートは、アメリカ国内では低価格が補助金増大の原因だとされるのに対し、世界ではアメリカの補助金こそ世界価格低下の主要因だとみられており、そこから「補助金の撤廃」という先進国の農政転換を求める声が途上国に広まったのだとする。しかし、それはいわば「市場原理主義的」解決方法であり、期待されたほどの価格上昇はもたらさないだけでなく、そもそもそれが選択できる可能性は政治的にきわめて小さいとする。これは正鵠を射た指摘である。

そこで、提案されるのが「農民本位の解決」である。その要点は、適正かつ持続的な市場価格帯に価格を引き上げ、過剰生産を管理するために3つの政策を複合することにある。

第一に、穀物過剰生産を抑えるために、短期的にはセット・アサイド（減反）と、長期的には環境保全制度の土壌保全留保事業（ＣＲＰ）などを活用した耕作抑制による農地利用の多様化である。

セット・アサイド目標は最大15％とされている。農地利用の多様化のなかには、バイオ燃料作物の栽培が提案されている。ただし、それはトウモロコシなど食料作物や輸出作物ではなく、北米のプレーリーに広く分布するイネ科の草本などである。

第二に、価格が一定水準以下になった場合に発動する「農場での保管による食料備蓄」である。政府が保管料を農場に支払い、価格が放出価格になるまで農場が在庫を保有し管理する方式である。最大保管量としては、トウモロコシ・小麦が生産量の30％、大豆では25％、米では20％と、かなりの大量が提案されている。保管料支払いつきの農場保管という考え方はたいへん興味深い。

第三に、農場での保管が最大保管量になり、価格が境界線を切った場合に発動する「政府買入れ」による最低価格支持である。最低価格水準としては、小麦は１ブッシェル（27・２kg）当たり３・44ドル、大豆は同じく５・55ドル、米は１００kg当たり７・15ドルという水準が提案されている。そして、現在の短期融資制度（ローンレート制）は最低価格支持機能を失っているので廃止すべきだとしている。

以上３つの政策複合のシミュレーション結果にもとづいて、「農場の所得水準を落とすことなく財政支出を半分に減らしながら、価格水準はほぼ３分の１上昇するだろう。純粋なヒューマニズムと社会公正の精神にもとづくこれらの政策によってアメリカの市場価格が上がるならば、世界中の貧困小農民の生計を支えることにつながるであろう」というのがレポートの結論である。世界市場に最大の影響力をもつアメリカ農業ならばこその、「世界の農民の暮らしを守るための進路転換」というこの政策提案は、わが国の農政のあり方ともかかわって、もっと注目されてよい。

## 4　世界農産物貿易に「新貿易風」

英字紙「ヘラルド・トリビューン」が２００７年4月6日付けで報じた「大豆の貿易風」（"The Tradewinds of soybeans"）は、今世紀に入って世界の穀物貿易に新たな動きが始まったことをいち早く報じたものであった。この10年間に、中国が大豆の世界最大の輸入国となったこと、そして06年には中国への大豆供給のトップの座をアメリカからブラジルが奪ったというのである。同紙は、これを新しい貿易風の発生とした（図1-1-1、図1-1-2）。

さて、世界の農産物貿易の再編成が顕著である。

第一に、東アジアが世界最大の農産物輸入市場となり、そしてアジア域内での途上国間農産物貿易が拡大している。日本、韓国、台湾の「安定的農産物輸入市場」に加えて、中国が１９９５年以降、農産物輸入超過に転じ、いまや東アジア（東南アジアを含む）は、世界最大の農産物輸入市場となった。アジアと日本の農産物輸入超過額は88年から04年の間に、それぞれ２５８億ドルから３９６億ドルに、83億ドルから１９０億ドルになった。

これに加えて注目すべきは、アジア域内で途上国間農産物貿易が拡大していることである。「ポスト緑の革命」期にあるとされる現代の東アジア農業は、緑の革命・水田灌漑が浸透した先進

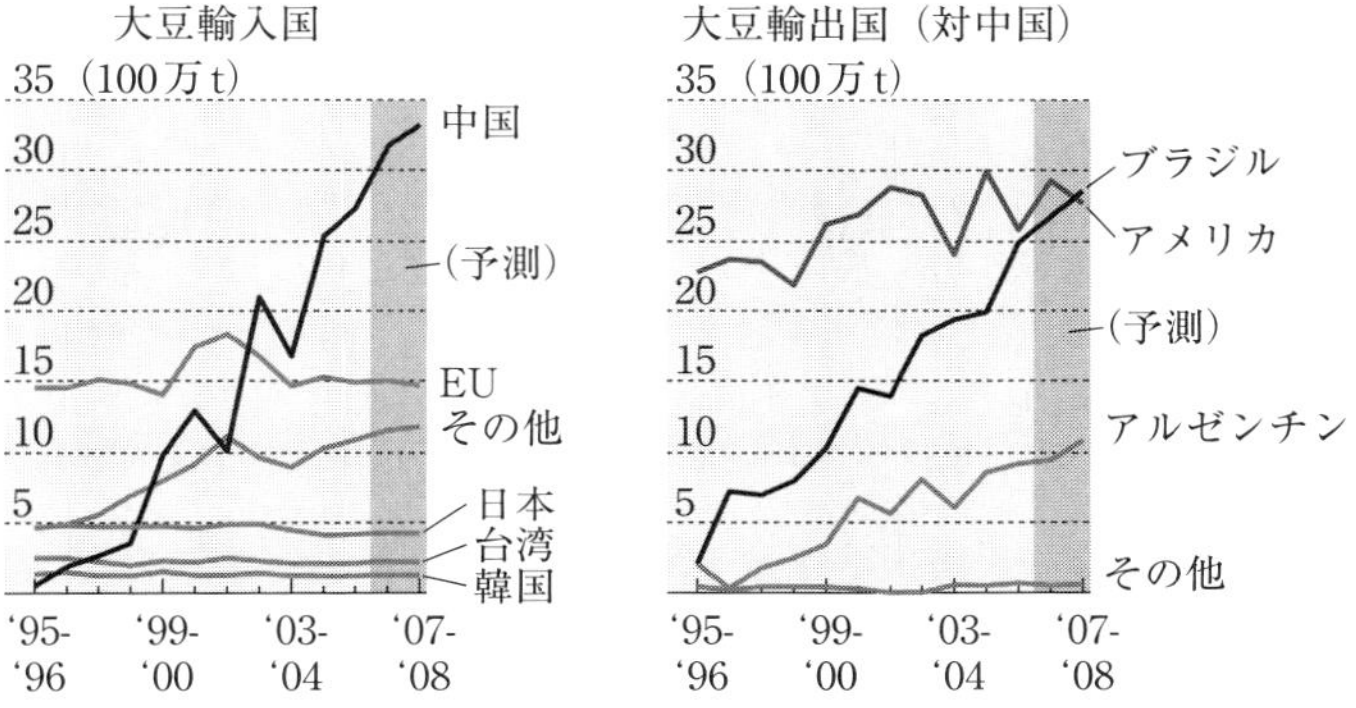


**図１－１－１**　「大豆の貿易風」(1)

資料：The Herald Tribune, 6. Apr. 2007.

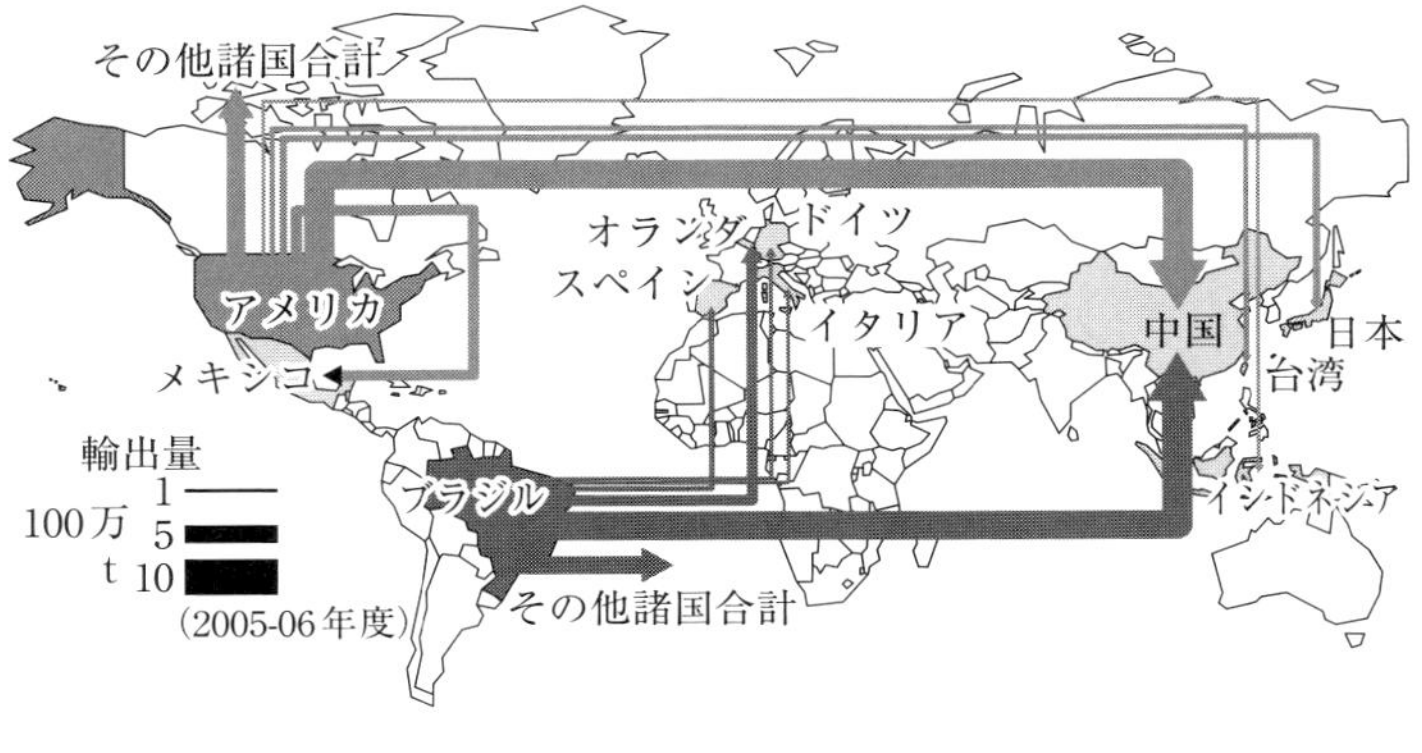


**図１－１－２**　「大豆の貿易風」(2)

資料：The Herald Tribune, 6. Apr. 2007.

地域での集約的稲作・水田多毛作農業（multiple cropping）の形成とともに、湿潤熱帯の畑作・樹園地農業におけるコーヒー豆など伝統的輸出農産物の産地形成に加えて、野菜・熱帯果実などの非伝統的輸出作物の新興産地形成が顕著である。

タイの農林水産物輸出先として、従来のヨーロッパなど先進国への輸出に加えて、中国やＡＳＥＡＮ諸国のシェア拡大がみられる。

ＡＳＥＡＮ・中国ＦＴＡは、02年11月締結の「ＡＳＥＡＮ・中国包括的経済協力枠組協定」と、04年11月締結の「ＡＳＥＡＮ・中国包括的経済協力枠組協定における物品貿易協定」からなり、農水産物の大半については、「先行的関税引下げ措置」（アーリーハーベスト）の対象になっている。このこともあって、タイのタピオカでん粉（キャッサバ製品）輸出については、これまで最大の輸出先であったオランダなど欧州向け輸出の減少を、中国向け輸出の大幅な伸びが帳消しにするまでになっている。

第二に、世界の穀物貿易は、１９９０年代のロシアや東欧諸国の国内経済の混乱による輸入量の大幅減少にともなう横ばいから、今世紀に入ると確実に拡大傾向にある（図１–２、穀物貿易の動向、農林水産省『海外食料需給レポート２００９』81ページ）。

貿易量の拡大をリードしているのは、輸入ではアフリカ、アジア（日本と中国を除く）、輸出では南米である。最近年で目立つのは、１９８０年代末までは世界の穀物輸出シェアで5割を超えていたアメリカ・カナダの輸出量の停滞ないし減少で、シェアを落としており、オーストラリア（図で

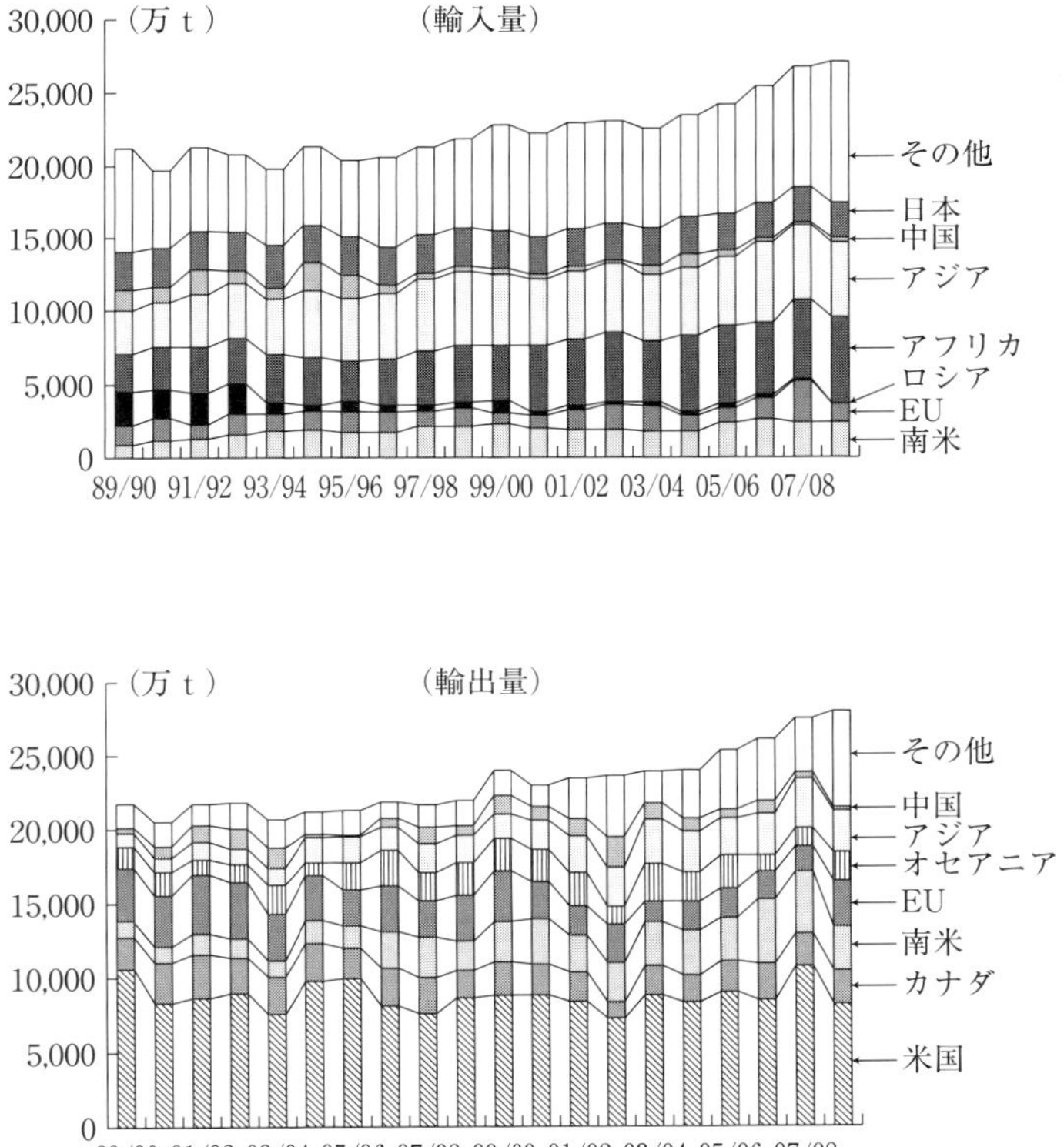


**図１－２　穀物貿易の動向（国・地域別穀物輸出入量の推移）**

資料：USDA「PS&D（2009.01）」

注：１．EUの域内流通を除いた数値である。

　　２．アジアは、中国、日本および中央アジア諸国（カザフスタン、ウズベキスタン等）を除く数値である。

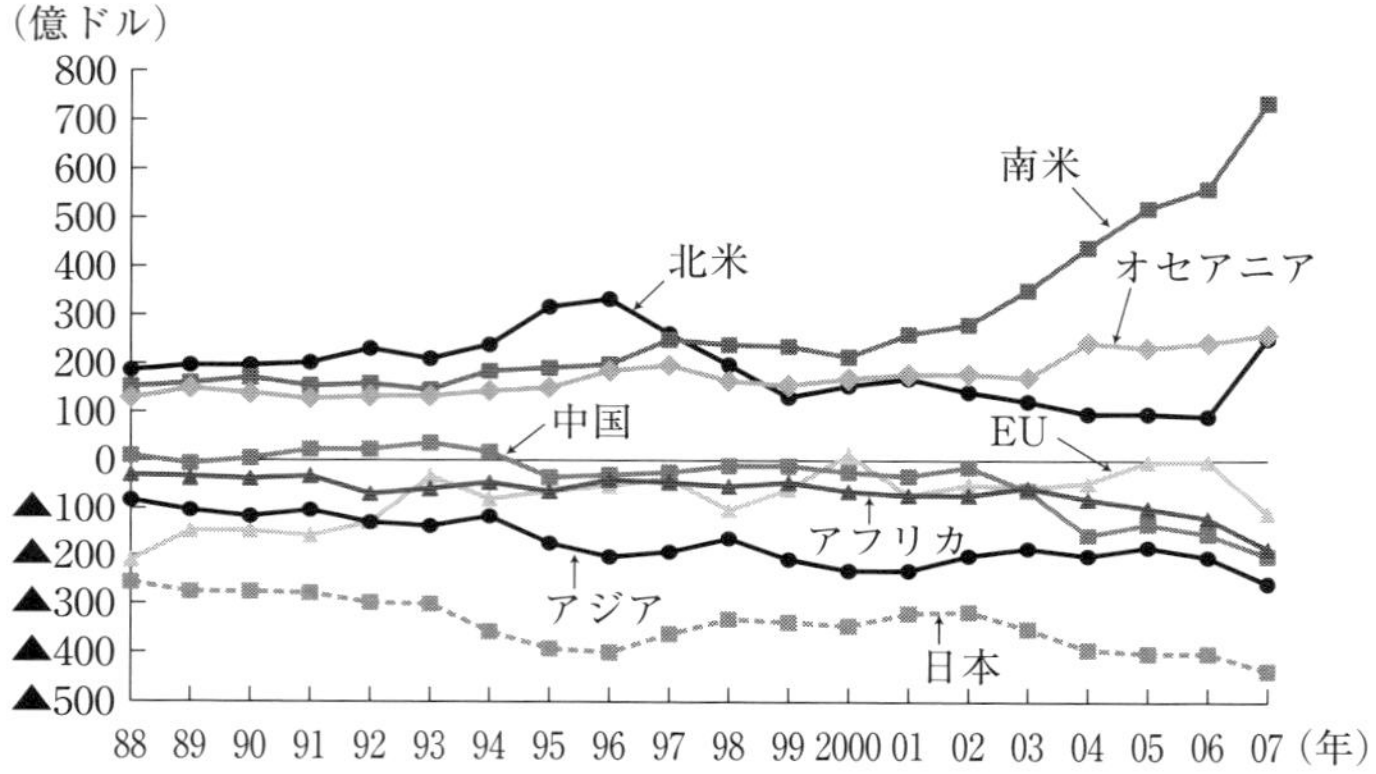


**図１－３　地域別農産物貿易収支額の推移**

資料：FAO「FAOSTAT」
注：１．貿易収支額＝輸出額（FOBベース）－輸入額（CIFベース）
　　２．アジアは、中国、日本および中央アジア諸国（カザフスタン、ウズベキスタン等）を除く数値である。

はオセアニア）やＥＵなどは連続的な気象災害によって輸出量が不安定化しているなどの動きである。アメリカの世界の穀物輸出に占めるシェアは、80年代末の42・9％から06年には33・7％に低下している。南米は、ブラジル・アルゼンチンの大豆、ブラジルのトウモロコシなどを中心に、1998年以降は世界穀物輸出に占める位置を飛躍的に高めている。

問題は、図1－3（地域別農産物貿易収支額の推移、同上82ページ）にみられるように、アフリカの穀物輸入依存度が今世紀に入って高まる傾向を強めていることである。アフリカ諸国の国民食料穀物農業の再建という課題がますます重要性を高めているとすべきであろう。

# 5　WTOと途上国

## （1）途上国を無視できなくなったWTO

１９９５年にアメリカとEUの主導で創設されたWTO体制も、今世紀に入ると、ドーハラウンドで先進国の国内農業保護政策に対して批判を強めるインド、ブラジル、中国など有力途上国グループ（G20）の形成と圧力の高まりに翻弄されるようになった。

その典型的な動きが、アメリカの国内綿花保護・補助金付きダンピング輸出に対するブラジルのWTO提訴とアメリカ敗訴であった。アメリカの「２００２年農業法」が定める綿花輸出業者に対する高率の輸出補助がWTO農業協定で禁止されている輸出補助金に当たるとするブラジルの提訴について、紛争処理小委員会（パネル）が04年９月にアメリカの農業協定違反を認めたのである。しかも、追い込まれたアメリカ農務省は翌05年７月にWTO裁定に従うとして補助金ルールの変更を発表したものの、ブラジルを満足させるだけの処置をとらなかった。結局、ブラジルは、WTOの仲裁手続きを求めて09年８月に発動が認められた対米報復措置をとるとして、アメリカからの輸入１０２品目についての関税引上げ、10年３月15日には医薬品特許・著作権などの一時停止を含む知的財産権に関する21項目の追加報復案を提示している。アメリカ側への影響は、推定年間８億２９００万ドルとされる。

２００1年11月の第4回閣僚会議（カタール・ドーハ）でその開始がようやく合意され、05年1月の妥結をめざしたWTOドーハラウンドが、08年7月末の閣僚会合でも合意できず、10年中の妥結も絶望となっている。というのは、06年の中間選挙に敗れ半ば死に体となったアメリカ共和党ブッシュ政権は、ドーハラウンドを決着させる選択に動くことができず、09年初めに発足した民主党オバマ政権もはかばかしい動きをみせていないからである。この間、ブッシュ政権の貿易自由化戦略が地域・二国間レベルの自由化交渉に強く傾斜し、ＦＴＡ（自由貿易協定）がＢＲＩＣｓと総称される新興諸国（ブラジル・ロシア・インド・中国）の成長に対する先進国の巻返し戦略の主要手段になった感があったのであるが、途上国との競争にさらされる国内産業の反発もあって、オバマ政権はＦＴＡ戦略と一線を画してきた。序章でみた環太平洋経済連携協定（ＴＰＰ）への参加交渉に10月3日に踏み切ったオバマ政権であるが、どれほどの意欲で交渉を推進するかは今後の動きにかかっている。

ドーハラウンドは、①農産物の市場アクセス（ＥＵと日本の関税引下げ）、②農業の国内支持（アメリカの国内補助金の削減）、③非農産品（鉱工業品）の市場アクセス（ブラジルやインドなど途上国の鉱工業品関税引下げ）という3つの問題を、交渉の中心議題として対立してきた。交渉がもつれたのは、先進国側の要求する鉱工業品関税引下げの見返りに、途上国側が先進国の農産物市場開放とアメリカ・ＥＵの農産物輸出補助金の撤廃を要求し、双方の妥協点を見出せなかったからであ

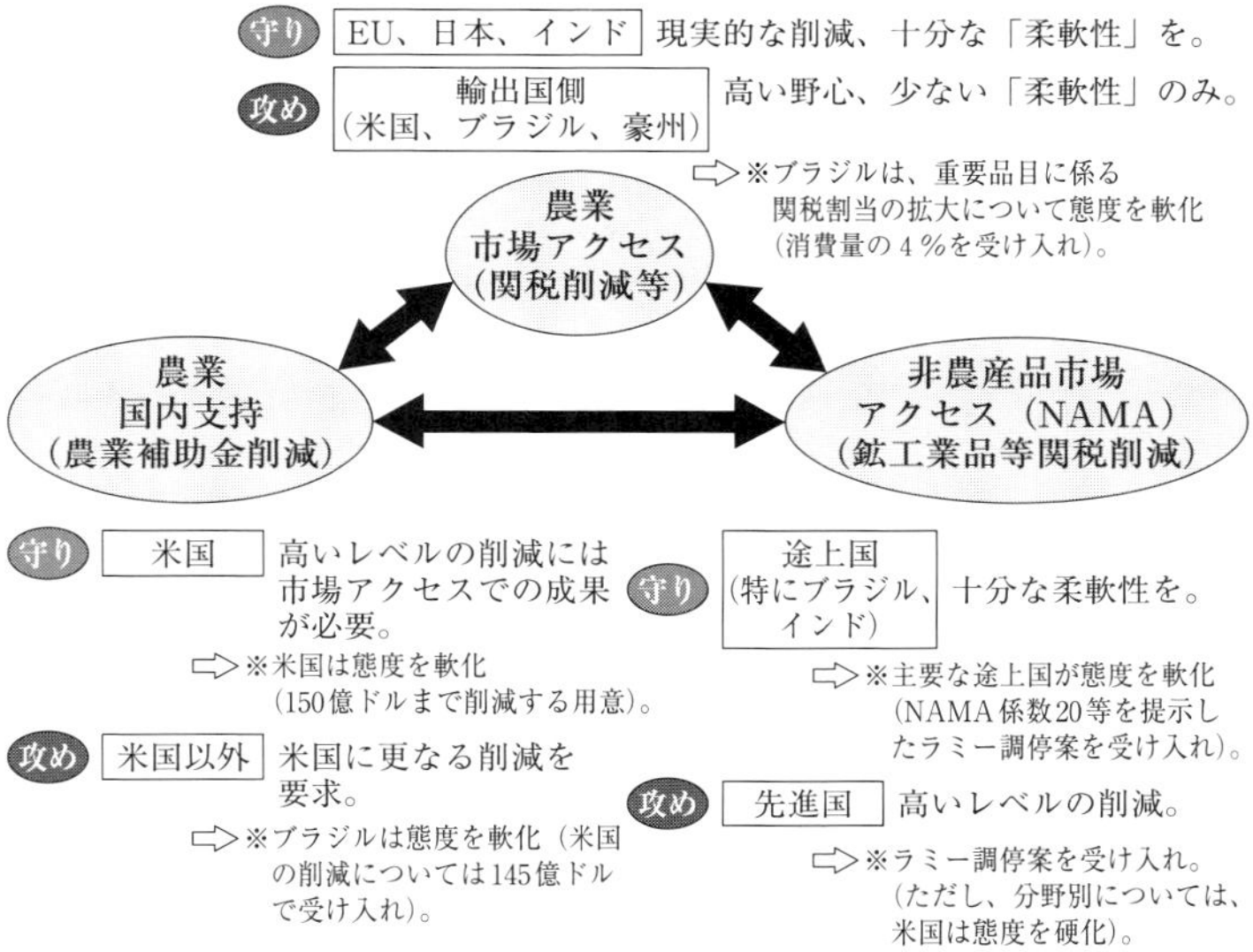
守り
EU、日本、インド
現実的な削減、十分な「柔軟性」を。
攻め
輸出国側（米国、ブラジル、豪州）
高い野心、少ない「柔軟性」のみ。
※ブラジルは、重要品目に係る関税割当の拡大について態度を軟化（消費量の4％を受け入れ）。
農業市場アクセス（関税削減等）
農業国内支持（農業補助金削減）
非農産品市場アクセス（NAMA）（鉱工業品等関税削減）
守り
米国
高いレベルの削減には市場アクセスでの成果が必要。
※米国は態度を軟化（150億ドルまで削減する用意）。
攻め
米国以外
米国に更なる削減を要求。
※ブラジルは態度を軟化（米国の削減については145億ドルで受け入れ）。
守り
途上国（特にブラジル、インド）
十分な柔軟性を。
※主要な途上国が態度を軟化（NAMA係数20等を提示したラミー調停案を受け入れ）。
攻め
先進国
高いレベルの削減。
※ラミー調停案を受け入れ。（ただし、分野別については、米国は態度を硬化）。

**図1－4　主要論点に関する主要国・グループの立場**

資料：『現代農業』2008年12月号、327ページ。

る（図1－4）。

何とか早急に妥結に持ち込みたいWTO事務局は、農業交渉議長と非農産品交渉議長のそれぞれの妥結案をとりまとめ、08年7月にはWTOラミー事務局長案を提示した。

まず途上国にとってたいへん厳しい妥結案であったのは、鉱工業品目に、先進国は8％、途上国は20～25％という関税上限率（上限関税）を設定するというものであった。これはたとえば、ブラジルや中国など経済成長をリードしている自動車産業に大打撃を与える。

農業分野の妥結案も途上国には腹立たしいものであった。農業の国内支持については、焦点になったアメリカの国内農業補助金を70％削減し、１４５億ドルに制限するとした。世界的な価格高騰にともなって07年の補助金は大幅に減って１００億ドルを下回っているにもかかわらず、それを上回る１４５億ドルを上限とするとしたからである。国際価格低迷の元凶であるアメリカの国内農業補助金に厳しい批判を続けてきたブラジルなどの途上国にとって、これは納得できないものだった。一方、農産物の市場アクセスでは関税率の大幅引下げ（平均54％以上）は認めたもの、上限関税は設定されず、関税率大幅引下げから除外できる「重要品目」が４～６％指定できるとした。ブラジルなど農産物輸出途上国は、上限関税が妥結案に盛り込まれなかったことに反発した。[10]

他方で、輸入途上国にとっては、途上国農業保全のための「特別セーフガード（緊急輸入制限）」を、輸入の増加が基準輸入額に比べて40％超の場合にのみ認めるという厳しい条件付きであった。結局、閣僚会合の最終局面で、この「特別セーフガード」をめぐって、アメリカと、インド・中国が激しく対立したことが、決裂の直接的原因になったのである。

ドーハラウンドは、もともと正式には「ドーハ開発アジェンダ（課題）」とされたように、ＷＴＯ体制下の開発途上国の困難を打破する「開発」問題に取り組むということで開始にこぎつけたにもかかわらず、結局は先進国主導のさらなる自由化一辺倒の交渉に終始してきたことが決裂の根本的要因である。

わが国は、途上国に対する鉱工業品関税引下げ要求ではアメリカ・ＥＵと手を組み、他方で、農業分野では農産物の輸出途上国とは対立し、輸入途上国とは手をつなぐ場面が多いのであって、当然、交渉では脇役にならざるをえない。交渉終盤での記者会見で若林農相（当時）は、日本が求めてきた「重要品目」数８％の合意がむずかしいことを匂わせることに躍起だった。「特別セーフガード」問題でのインド・中国とアメリカの妥協が成立していたなら、たいへん厳しい自由化を呑まざるをえなかったということだ。

まず、関税の大幅引下げから除外したい「重要品目」の数が有税品目数の６％にとどめられる。関税を課すために分類されている品目をタリフラインというが、日本の農産物タリフライン数は１３３２、うち有税品目は１０１３である。したがってその６％ではわずか60品目にすぎない。関税水準が高い品目を重要品目に指定しようにも、米（タリフライン数17）、麦類（同32）、乳製品（同47）だけでもカバーしきれない。デンプン（同８）、雑豆（同６）、砂糖（同56）など関税率が２００％を超える品目は一般品目として70％という大幅な関税率引下げにさらされることになる。

さらに、「重要品目」の関税削減幅を一般品目の３分の１とした場合、代償として関税割当枠を国内消費量の４～６％に相当する量、拡大しなければならない。つまり米を重要品目にすると、現行の関税３４１円（１kg当たり）を一般品目（70％の削減率で１０２円になる）の３分の１の削減（23・３％）にとどめて２６２円にする代わりに、関税割当枠は現在の76・７万ｔ（現在の国内全消費量９３５万ｔの8.2％）プラス９３５万ｔ×最低４％＝37・４万ｔ、したがってミニマムアクセス米（ＭＡ米）は１１４・１万ｔになる。これまでと同じように、ＭＡを「市場アクセスの提供」という国際基準ではなく、「国家貿易だから輸入義務だ」とするわが国の一方的かつ馬鹿正直なＭＡ全量輸入をすれば、いよいよ国内での米管理と米価維持はむずかしくなるだろう。

## (2) WTO体制下における途上国農村社会開発の課題

第2次大戦後、植民地体制から離脱して新興独立国となった地域をはじめとして、多くの発展途上の国々が、国家による経済開発計画にもとづく経済自立化に向けての政策を展開してきた。しかし、植民地時代から引き継がれた政治経済面における負の遺産は、なかなか克服できなかった。とくに東西冷戦を背景にした先進諸国からの経済・技術援助や、1960年代から強まった多国籍企業による資本進出や経済支配が積み重ねられて、多くの国々や地域では、そのまま従属的工業化・経済成長への歩みを続けている。

途上諸国の国内においても、こうした従属的で他律的な経済発展が進むほど、工業と農業、都市と農村では、大きな格差が顕在化し、2000年に国連のミレニアム開発サミットによって第一開発目標とされた「飢餓と貧困の撲滅」実践にあたっても、この国際的・国内的な格差の解消は、避けて通れない重要課題となっている。

しかもこの飢餓と貧困は、農村と農民に集中している。世界の農村地域を貧困に陥れている原因と背景とを明らかにし、克服の道を究明することは、いまグローバルな人類共通の最重要課題となっている。世界経済運営における歪められた基盤(土台)と根幹(支柱)をそのままにして、先進大国と内外巨大企業中心の経済成長優先、新自由主義・市場原理重視の諸政策が継続されるなら、現代における国際的な最重要課題である「飢餓と貧困の撲滅」や「飢餓人口の半減」という人類共通課題の解決も困難となる。

アメリカのサブプライム問題・リーマンブラザース破綻を契機として、いまやヨーロッパ各国にも拡大している金融・経済危機や、グローバル化しつつある気象災害・地球温暖化など、当面する世界的危機の真の解決にとっても、これは避けられない解明作業といえよう。

以下では、タイを事例として、工業化・経済成長と農村社会の変化について論点整理を試みたい。

タイでは、国家経済社会開発計画（概要は別表）による政府主導の経済開発・工業化が推し進められてきた。それと並行して、１９５０年代後半からは、国家政策としての農村開発も着手されている。１９６１年から10次・50年間にわたる開発計画は、その経過も結果も詳細が明らかであり、総括も可能な条件がある。

第1次国家計画（１９６１～66年）発足直後の１９６２年には、政府のコミュニティ開発局のもと、開発ワーカーによる農村インフラ整備、生活改善指導を開始した。62年から国防省による移動開発チームも始動、64年には東北地方の国境に重点をおいた農村開発も始まった。いずれも共産主義対策がねらいであった。

第2次計画（１９６７～71年）では、名称も経済社会開発計画となり、農村を中心とした社会開発が重視された。農業の生産性向上推進、農村における飲用水対策など、保健と生活改善指導、学校教

## （別表）タイにおける国家経済社会開発計画と農民生活の変遷

| 国家経済社会開発計画 | おもな政治経済動向 |
| --- | --- |
| 第１次（1961～66年）<br>経済開発計画のみ。世銀ミッションによる提言を受け、国営よりも民間投資を重視、灌漑・交通通信・発電などインフラ整備の促進が重点とされた。輸入代替工業化によるタイ工業化の開始時期にあたる。 | 58年　サリット将軍の軍事独裁<br>60年　義務教育４年から７年間へ<br>62年　外資導入投資奨励<br>63年　タノム政権成立<br>64年　ベトナム戦争開始<br>65年　国内共産勢力武装闘争 |
| 第２次（1967～71年）<br>経済社会開発計画に。資本・技術を活用した生産性向上、人材開発、保健・教育などを重視。対象が地方政府や国営企業にも拡大され、包括的計画に。 | 67年　ASEAN成立<br>69年　対日貿易不均衡、日貨排斥運動<br>71年　タノム軍事独裁 |
| 第３次（1972～76年）<br>輸入代替工業化から輸出指向工業化への転換。社会的公正、雇用対策、所得格差の縮小、人口増加率を低下させる家族計画など社会開発を重視。 | 72年　外国企業規制法、学生反日運動<br>73年　学生革命、タノム政権打倒<br>74年　田中首相訪タイ<br>75年　ベトナム戦争終結<br>76年　学生弾圧事件（血の水曜日） |
| 第４次（1977～81年）<br>石油ショック後の景気回復、学生革命とその反動による混乱収拾・政治的安定、農業増産、地方産業振興、自然資源保全などが重視された。基本は第３次計画を踏襲。 | 79年　プレーム首相が就任<br>81年　クーデター失敗 |
| 第５次（1982～86年）<br>70年代からの原油高、１次産品安、国際収支赤字の影響から経済の再構築が主題に。地域格差是正の観点から、東部臨海工業地帯の造成など地方開発拠点を設定し、輸出指向工業化と所得配分の改善がめざされた。 | 82年　共産ゲリラが大量投降<br>85年　プラザ合意円高、クーデター失敗<br>86年　選挙でプレーム内閣 |
| 第６次（1987～91年）<br>対外バランス重視、雇用拡大、生産の多様化、国内資源利用の工業化、民間活力の活用、効率化推進など、構造調整を重点とした計画。しかし80年代半ば以降の石油安、金利安、プラザ合意による外国からの直接投資急増で経済成長が急加速。 | 87年　軍の東北緑化計画<br>88年　チャートチャイ文民内閣<br>森林伐採全面禁止<br>91年　農村開発委員会<br>クーデターによる倒閣<br>スチンダー内閣 |

| 国家経済社会開発計画 | おもな政治経済動向 |
|---|---|
| 第７次(1992～96年)<br>金融・資本市場の整備、持続的経済成長が強調され、所得格差是正、人的資源の開発と自然環境保全がめざされたが、高度経済成長の結果、地域別・産業別格差はいっそう拡大、都市問題や環境問題も深刻化した。 | 92年　民主化運動弾圧（暴虐の５月）<br>アーナン内閣からチュワン内閣へ<br>93年　日本政府の無償資金協力終了<br>東北小農グループ座り込み<br>96年　貧民フォーラム座り込み<br>下院解散、総選挙 |
| 第８次(1997～2001年)<br>安定成長を続けながら、人間の開発や生活の質の向上、貧困解消、初等・中等教育の充実、森林保全などが目標とされたが、実施当初の通貨・金融危機によって、計画が有名無実化、手直しを余儀なくされた。 | 97年　バーツ危機、IMF管理下の構造調整<br>憲法草案可決<br>98年　タイ愛国党結成<br>99年　宮沢構想による雇用創出事業<br>00年　初の上院選挙<br>01年　総選挙、タックシン内閣成立 |
| 第９次(2002～2006年)<br>引き続き人間の開発を重視しながら、国王が提唱した「ほどほどの(足るを知る）経済」が国家開発の基本哲学とされた。全国100回以上のセミナーで、国民参加の計画立案が試みられた。安定成長とともに、社会保障制度の整備、公的部門の効率化、貧困の解消、自然資源の保全などを掲げた。 | 03年　APEC首脳会議開催<br>04年　プーケット大津波被害<br>05年　第2次タックシン内閣<br>06年　タックシン一族による不法株売却<br>反タックシン運動、クーデターによる内閣打倒、スラユット内閣 |
| 第10次(2007～11年)<br>「ほどほどの経済」を原則としつつ、人間の開発、地方自治の強化、持続可能な経済、自然環境保全、社会的公正の実現が目標とされた。「国家のCEO(最高経営責任者)」を自認するタックシン元首相は国家計画にも変化への迅速な対応が必要と強調していたが、06年９月のクーデターで失脚した。 | 07年　日タイEPA署名(翌年発効)、総選挙<br>08年　サマック内閣成立、反タックシン運動再燃、サマック失脚、ソムチャーイ（元首相の義弟）内閣<br>タックシン有罪判決、ソムチャーイ失脚、アピシット内閣成立<br>09年　元首相の資産凍結<br>10年　赤シャツ軍団が首都で暴動化 |

注：日本タイ学会編『タイ事典』、バンコク日本人商工会議所『タイ国経済概況』を参考にして作成した。

育の改善促進など、各分野別対策も計画化された。着実な経済成長の一面で、一次産品の輸出価格低迷や所得格差の拡大が問題となった。

農村貧困撲滅対策は、その後も継続された。60年代からは、それまでの米・ゴムなどの伝統的輸出農産物に加えて、メイズ（飼料用トウモロコシ）・砂糖などの輸出畑作物や、養鶏を中心とした畜産が拡大した。しかし、いずれも国際的な価格低迷の影響を受け、また契約飼育などでは、アグリビジネスの地方エージェントと農家の間での口頭契約による一方的契約違反などで被害を受ける畜産農民も現れた。

１９７３年の学生革命の後、75年からのククリット政権による村落開発計画は、タンボン（行政区）ごとに50万バーツの補助金を活用し、地域住民自身が決定する事業内容でインフラ整備による農村雇用創出を行なった。また、学生革命と並行して、学生が農村に入り、耕作権を農民のものとする手続きの裁判などで支援を行ない、こうした学生運動が刺激となって、農民も組織的に上京して土地の所有権・耕作権や地代などについて要求を始め、74年には農民連合も結成されたが、農民活動家への殺害事件も各地で頻発した。

第６次計画（１９８７～91年）期間中のプラザ合意による円高を背景にした海外からの直接投資ラッシュによって、農畜産物輸出はそれらの加工食品輸出に大きくシフトし、農業は、輸出加工食品原料生産の比重が高まった。とくに第６次計画では、「売るための生産」が強調され、「伝統的農産物への過度の依存脱却」「付加価値の高い新たな農産物への転換」「民間企業の役割増大」が重視された。

民間活力（民活）による農業開発が重点とされたのである。

所得再配分や地域格差の是正が国家目標として掲げられながら、1988年からの3年連続2ケタ成長のなかでも、バンコクと東北部の一人当たり所得格差は、75年の5.3倍から93年には9.8倍に拡大した。同じ農業でも、世界の高所得者ランキングに登場する巨大アグリビジネス企業のトップ（CPグループ会長）も出現している。

1997年7月にバーツ暴落から始まったアジア通貨・金融危機で、CPグループなどアグリビジネスはドル社債の債務不履行に陥った。しかし、中国からの一部事業撤退、国内でのハイパーマーケット売却、本来業務のアグリビジネスへの経営資源集約などによって蘇生した。

他方で、住宅建設などに従事していた出稼ぎ農民たちは、ほとんどが仕事を失って農村に帰ったが、農村には就業先がなく、再び首都圏に戻っている。自動車・電気機器など主要産業での操業停止・縮小によって都市労働者にも失業者が増えるなかで、2001年に登場したタックシン政権は、農民債務の3年間凍結、各行政村への100万バーツの提供（日本からの「宮沢基金」も活用）、一律30バーツ医療制度、一村一品運動など、貧困対策・地域振興を進め、他方では、「FTAマニア」と呼ばれるほど、ファミリー企業の利益獲得も兼ねた海外諸国との貿易自由化推進に精力を注ぎ込んだ。しかし、タックシン政権は、06年9月のクーデターによって倒された。

第10次計画（2007〜11年）によって強調された地方開発重視の目標では、家族・共同体の強化、貧困解消、自然環境保全、森林・水資源と生物多様性の保持などが掲げられている。

こうして、10次・50年間にわたって取り組まれてきた国家計画にもとづく国づくり・村づくりであったが、工業化・経済成長では歴史的成果を確認できるものの、社会開発、とりわけ農村社会生活面における格差是正では、ほとんど実質的前進がみられず、50年間にわたって同じ実現目標が掲げ続けられている。

## (3) タイの工業化・経済成長と農村社会・農民生活の変化

タイにおける農村社会開発の重点は、1960年代から70年代にかけてのベトナム戦争を背景とした国土防衛を兼ねた生活改善運動から、80年代半ば以降の高度経済成長期には、貧しい東北農村を中心に村を出て出稼ぎ兼業に依存し、ほとんどの農村は働き手不在時代を迎えることとなった。これまでほとんど自分たちの村から離れる機会のなかった農民たちが、出稼ぎ収入確保のために首都圏に出て、飯場を住居とする都会暮らしを始めた。急速な工業化のもとで、土木建設業からは多くの低賃金インフォーマル労働者の需要が増加した。欧米諸国の長期にわたる穀物の補助金付きダンピング輸出は、タイ米を含む国際穀物価格の大幅な低迷を生み、これもまた農村から多くの出稼ぎ農民を押し出す力として働いた。しかしこの経済成長も1990年代半ばで終わり、97年の通貨危機では多くの出稼ぎ農民が職を失い、村に帰っている。しかも、新たに始まったＷＴＯ／ＦＴＡ体制のもとでは農工間格差のさらなる拡大、ＡＳＥＡＮ・中国を含む国々からの低価格農産物や加工食品の輸出拡大と競合農産物の価格競争激化など、矛盾はさらに深まった。

しかしながら、出稼ぎ労働の経験を通して、農民はかつての農民ではなくなった。「もの言う農民」「行動する農民」がつぎつぎと生まれ、農村社会も大きく変わってきた。

２０１０年7月に開催された日本タイ学会では、「都市と農村の関係を問い直す」をテーマとしたセッションが開かれ、タイにおける都市・農村問題への新たな視点が論議された。

重冨真一氏（アジア経済研究所）は、「政治参加のイデオロギー形成に見る都市と農村」をテーマにした報告で、80年代タイ農村の変化として、「少なからぬ農村で地域住民が自らの資源、あるいは地域内にある資源を動員し、それを共同的に運用することで、自らの利益となるような組織をつくり運営するようになった」と指摘し、このことで「民衆による権利としてのコミュニティ管理」の実現が期待された。ところが、２０００年代にタックシン政権（強い政府）が登場することによって、政府資源が農村に流入して、アソシエーションによる政治参加が否定される結果となったと整理している。

同じ学会の「会員出版物合評」セッションでは、末廣昭会員の『タイ　中進国の模索』（岩波新書）について論評した加藤和英氏（九州国際大学）が、２０１０年にタイで起きた赤シャツ軍団の暴徒化について、黄色シャツ＝民主化勢力、黄色シャツ＝王室擁護派、赤シャツ＝王室ないがしろ派、黄色シャツ＝都市中間層、赤シャツ＝農村貧困層、とするマスコミなど多くの論評がいずれも不適切であることを問題提起し、「考慮すべきは、生活状況の悪化に対する人々の不満」であり、タックシン政権が初期の草の根経済振興を優先したパフォーマンスから、03年ごろには大企業優先の事業へと軸足を移した経過を紹介している。さらに同学会では、共通論題として「いまのタイ政治をどうみるのか?――アピシット政権と赤シャツ隊」が取り上げられ、そこで報告したソムチャイ氏(マハサラカム大学)は、工業化・経済成長後の東北タイ農村社会における特徴的変化を、①都市や海外への出稼ぎ指向の強まり、②農村での農外就労の増加、③商業的農業の拡大、④電気機器とコミュニケーション技術の普及をあげ、これらが都市部と同じ情報のなかに東北農村社会の住民をおくことになったと説明している。

## (4) 現地住民主体の農村社会開発と協同組合の役割

農村における地域社会開発が、住民自身の発想と参加によらず、政府や海外からの援助に依存したかたちで進められた結果、都市と農村の経済的格差は未解決のままにされてきた。工業化の進展にともなって、農業のあり方も食品加工原料生産への比重を高めてきたが、加工労賃とともに、加工原料価格についても安く買いたたいてコストを引き下げ、アグリビジネスが付加価値を高める手法が貫かれてきた。これは、米などの伝統的農産物に関しても、ほとんど変化なく経過している。

こうした農村の経済社会のあり方に根本的変化をもたらすためには、農村住民・農民が主体的にかかわることができる組織的仕組みをつくりあげる必要がある。そのひとつの答えが、農民による自主的民主的な協同組合の活動である。

もともと協同組合運動は、産業革命後の資本主義経済の黎明期に、資本主義経済システムがもつ利潤獲得優先・弱肉強食・人間性軽視の傾向に歯止めをかける社会運動として誕生し、その後も資本主義経済発展に付随して必然的に発生し続けてきた各種社会問題を人間重視・自然環境保全・民主主義の観点から前向きに解決しようと努めてきた１６０年以上の歴史をもつ非政府・非営利の社会運動体である。今日の市場原理優先の新自由主義経済運営にあって、とりわけ協同組合運動の存在意義は大きい。協同組合が地域住民の日常生活の改善に取り組み、協同組合が地域経済を住民の協同で動かすことができれば、もっと暮らしやすい地域生活や農業の生産・流通・加工・販売を生み出すことができる。

そのようなねらいをもってタイで取り組まれた事例もある。

「タイ国農業協同組合振興プロジェクト」の概要は以下のとおりである。(11)

**1. プロジェクト期間**：１９８４年から5か年、さらに2か年延長。

**2. プロジェクトの目的**：農業生産力を高め、農産物販売を推進し、農協組合員の経済的社会的地位の改善を図るために総合協同組合システムあるいはトータルシステム・アプローチによって、農業協同組合を発展・強化させる。

**3. 基本的考え方（戦略目標）**：目的実現のため、グラスルートレベルから農協を発展させる基本方向としての戦略。目標は以下のとおり。

（1）組合員の拡大、組合員参加による組織的存立基盤の強化・拡大。

（2）営農指導・助言活動、情報提供、組合事業改善により、組合員が自らの農業経営を計画・実践できるようにし、それを通じて地域農業におけるリーダーシップ発揮ができる農協を育成。

（3）公正な取引主体としての販売・購買事業の強化・拡大、組合の事業・経営におけるタテヨコのリンケージ実現、組合員にわかりやすく公正なルール・規定。

（4）組合発展のための金融システムの整備・強化、個別農家の営農計画・予算を基礎にした各種事業活動とリンクさせた金融機能整備。

（5）トータルシステム・アプローチによる組合振興でコアとなる営農指導員の育成。

（6）このプロジェクトで獲得され蓄積された経験をほかの東北部や全国の農協振興に活用する。

## 4. 対象農協へのモデル活動

（1）営農指導……農家レベルの生産・販売計画、モデル農家グループを対象にした組織指導。

（2）組合経営……体系的な計画経営と経営財務管理。

（3）販売・購買事業……農産物の集荷・販売と生産資材購買活動における品質管理を含む管理技術。

（4）信用事業……貯金・貸付についての管理技術。

（5）教育・研修……モデル活動を通じた実践教育（ＯＪＴ）。

## 5. タイ政府によるプロジェクトへの評価

### （1）組合員にとっての成果

①モデル組合員グループメンバーは、雨季・乾季を問わず通年の生産・栽培・飼育が可能となり、年間収入を６０００〜１万２０００バーツ増加させ、出稼ぎを必要としなくなった。複合営農システムの導入により、家族労働の効率的活用、天候不順のリスクの最小限化が可能となった。

②個別対応の農業経営から、共同作業による生産活動が営農計画に従って実施され、営農指導による新たな技術の導入も進められた。計画性をもった生産・販売の実現により、農協からの資金借入、資材購入、販売が組合員グループを通して組織的にできるようになった。

③組合員は、農業生産における共同作業や農業機械の共同利用を通して、協同活動の有利性を理解し、生活態度を変化させた。その結果、より品質の高い物をつくり、より高い収入が得られるようになった。

### （2）協同組合にとっての成果

①協同組合事業の拡大……モデル５組合の組合員数は、プロジェクト期間を通じて46％増加し、事業量は、１９８４年の８０８０万５０００バーツから93年には3億８７８９万８０００バーツへと4.5倍に、組合員農家1戸あたり平均事業高も８７０９バーツから2万７０００バーツへと3.1倍に増えた。養豚センター、ヒナ供給、配合飼料供給、石油供給、農業機械共同利用などの、新規事業も拡大した。

②組合経営財務の改善……モデル5組合の組合員からの貯金は、プロジェクト期間を通じて9倍に増加、組合内部資本（出資金・積立金・準備金の合計）も3.3倍となり、借入金への依存度が低下、組合財務が大きく改善された。組合員への貸付金も3.2倍に拡大した。

③組合員による運営参加の拡大……組合員の農協事業利用の拡大とともに、農家グループに出向いての営農指導、「組合ニュース」発行、理事会へのグループリーダーの出席・傍聴、青年部・婦人部活動などを通して組合員と組合の関係が緊密化し、組合員参加による農協運営が大きく前進した。

④農協役職員の資質向上……日常の事業実践や研修を通して知識・技能が磨かれ、積極的活動によりリーダーシップ発揮能力が高まった。

⑤農協間の恒常的協力関係の開始……プロジェクト期間終了後もモデル農協間での協力継続が合意され、協力委員会設置、石油供給・溜池工事などでの提携が発展している。

⑥プロジェクト成果の全国への普及……プロジェクトの成果を学ぶために東北部の全農協を対象にした研修会を開催、その他地域を含め、年間平均71組合からの現地視察が行なわれている。

２００９年11月にジュネーブで開催された国際協同組合同盟（ＩＣＡ）総会は、「世界的危機―協同組合の好機」という決議を全会一致で決定した。アメリカからヨーロッパに波及し世界に広がりつつある経済危機や、地球温暖化や異常気象などの自然環境危機は、いずれも利益本位の経済運営がもたらした人為的な現象であり、協同組合こそがその解決の担い手となれる、という発想からの世界への呼びかけであった。

また09年12月の国連総会は、２０１２年を「国際協同組合年」とすることを決定した。第２次大戦後、国連は、世界の社会経済発展にとって協同組合が重要な役割をもっていることを何次にもわたる決議で示し続けてきたが、現時点での世界経済の状況から、その役割の重要性を再確認して「国際年」設定となっている。とりわけ途上国における社会開発で果たすべき協同組合の役割が、強調されていることは重要である。国連総会決議では、「協同組合は、さまざまな形態で女性・若者・高齢者・障害者を含むあらゆる人々の経済社会開発への最大限の参加を促していること、および先住民族が経済社会開発の主たる要素となりつつあり、貧困の根絶に寄与するものであることを認識し、……先住民族および農村地域の社会経済状況の改善において協同組合の発展が果たす可能性のある役割を評価」すると宣言していることは重要である。

平和で豊かな暮らしは、誰かにつくってもらうものでなく、私たち自身が心と力を合わせてつくりあげるもの。ＷＴＯの「開発ラウンド」は、ＷＴＯ体制そのものの抜本的改革なしには前進しない。

**注**

（1）ＷＴＯの成立と「農業協定」については、下記を参照されたい。村田武『ＷＴＯと世界農業』筑波書

**表１－１**　2008年農業法における財政支出予測（2008〜2012年合計）　（単位：100万ドル）

| | ベースライン | 支出予測 | 支出増減 |
|---|---|---|---|
| 農産物プログラム | 43,354 | 41,628 | -1,726 |
| 環境保全 | 21,392 | 24,112 | 2,720 |
| 貿易・食料援助 | 1,823 | 1,853 | 30 |
| 栄養プログラム | 186,005 | 188,902 | 2,897 |
| 農村開発 | 72 | 194 | 122 |
| 研究 | 290 | 321 | 31 |
| エネルギー | 0 | 38 | 38 |
| 園芸・有機農業 | 0 | 402 | 402 |
| 作物保険 | 25,718 | 21,858 | -3,860 |
| 災害援助 | 0 | 3,807 | 3,807 |
| その他 | 5,333 | 5,881 | 548 |
| 合計 | 283,987 | 288,996 | 5,009 |

資料：CRS Report for Congress, Farm Bill Legislative Action in the 110th Congress, Updated June 13, 2008, Congressional Research Service, CRS-6, Table 1

注：ベースラインは、議会予算局による2007年3月の予測（2002年農業法が継続した場合の支出予測）

房ブックレット、２００３年。なお、ＷＴＯドーハラウンドについては、石田信隆『解読・ＷＴＯ農業交渉』農林統計協会、２０１０年が参考になる。

（２）アメリカの２００８年農業法については、とくに新しい不足払いの選択肢としての「平均作物収入選択プログラム（ＡＣＲＥ）」については、服部信司『価格高騰・ＷＴＯとアメリカ２００８年農業法』農林統計協会、２００９年が参考になる。

２００８年農業法による支出予測（２００８〜12年合計）（表１−１）によれば、２００８年農業法では、農業経営安定対策の直接支払いなど「農産物プログラム」や農業保険は、穀物価格の高値安定予測のなかで支出は削減が予測され、他方で環境保全や「栄養プログラム」などの財源を増加される予測となっている。栄養プログラムは支出予測額が１８８９億ドルで、２００８年農業法支出総額２８９０億ドルの65・4％を占める、その中心が「フードスタンプ・プログラム」という貧困家庭への食料給付である。フードスタンプ・プログラムはこの２００８年農業法で「補完的栄養支援プログラム」と改称され、給付引上げ、給付対象基準の緩和が行なわれる。また、栄養プログラムのなかで、学校での生鮮果実・野菜の購入拡大、有機農産物への支援拡大が盛り込まれた。アメリカではこの「栄養プログラム」が厚生省や文部科学省の予算ではなく農務省予算のなかにあって、農業法予算の3分の2を占める。ということは、農業経営助成の「農産物プログラム」予算４１６億ドルは農業法予算の14・４％にすぎず、国際的には近隣窮乏化政策として厳しく批判される「農産物プログラム」をアメリカ国民の目から遠ざける「効果」をあげているようだ。

なお、対外的には問題を抱える２００８年農業法であるが、農産物プログラムで受給者の規制を強化し、栄養プログラムや環境保全分野で予算を拡大していることは、「十分とはいいがたく、まだ小さいものの、小規模農業者への支援、より持続的な食料生産、栄養プログラム、環境保全などでの政策転換がみられる」とする評価もある。Amy Francis, *The Local Food Movement*, Greenhaven Press a Part of Gale, Cengage Learning, 2010, p.8.

（3）ＥＵの近年のＣＡＰ改革については、下記を参照されたい。村田武「ＷＴＯ体制下の農政転換をめぐって―農産物価格支持から直接支払い・デカップリングの先にみえるもの」磯田宏他編『新たな基本計画と水田農業の展望』筑波書房、２００６年、１７７～１９７ページ。

（4）「２００８年ＣＡＰヘルスチェック」による「生乳生産割当」の２０１５年廃止と09年より13年まで5年間に毎年１％ずつクオータを引き上げるという理事会決定が、ただちに深刻な乳価下落と酪農経営危機を引き起こすなかで、09年10月に、ＥＵ委員会は、農業・農村開発部専務を議長とし、加盟国から推薦された委員で構成する「酪農問題ハイレベル・グループ」を組織し、中長期の対策についての検討を行なわせた。同グループは、10年6月に「7項目の勧告」をとりまとめたが、それは、①加盟国の示すガイドラインまたは法律にもとづく提案にもとづいて、生乳生産者と乳業メーカーとの生乳供給に関する文書による契約の締結（価格、量、時期・期間を含む）を義務づけ、②生産者の共同販売の促進による販売力の強化、③酪農・乳業部門全体の調停機関の設置を検討、④酪農・乳業部門の情報公開、⑤酪農経営の所得変動を緩和するためのWTO協定で「緑」の市場対策や先物市場の開設、⑥出荷基準や原産地表示の明確化、⑦酪農・乳業部門のイノベーションや研究開発の促進、といったものである。以上は、EU委員会のインターネット情報（"High Level Group makes 7 recommendations for EU dairy sector", IP/16/742, Brussels, 15 June 2010）によるものである。とくに①および②がどのように具体化されるかが注目される。

（5）清水卓氏は、EUの新自由主義的CAP改革に対するオルタナティブを提案するフランスの有力な農業政策研究者グループの興味深い発言を紹介している。同氏の要約によれば、その主張するところは、①農産物市場の不安定性は市場まかせでは解決できず、生産面での管理のほうが価格および数量の安定化対策として優れている。デカップリング政策も、市場への影響という点ではほかの政策手法と異ならない。②市場規制を意味あるものにするには、備蓄と国境保護が必要である。③経済・環境・社会的利益といった側面からすれば、EU農業には少数の大規模経営と家族労働報酬の確保を可能とする多数の農業経営の維持が求められる。④EU農業の維持には、国際価格との差額を補てんする所得補償が不可欠である。また、社会的公正と環境維持の点からも財政支援が必要である。⑤財政支援は、EU農業の地域的多様性に適応し、国別・地域別に実施されるべきである。⑥EU農業財政政策は弾力化、簡素化の方向で改革しなければならない。⑦EU加盟国が自国の農業政策を自主的に決定できる「食料主権」

が必要である。清水卓訳・解題「ＥＵにはどのような農業政策が必要か―ＥＵのＣＡＰ改革に対するフランス農業政策研究者の主張」農業・農協問題研究所報『農業・農協問題研究』第44号、２０１０年５月、57-66ページ。

(6)この部分の初出は、『経済』２００９年7月号に「ＣＡＰ改革下の欧州農業を見る・乳価下落に苦しむドイツとポーランドの酪農」と題して掲載されたルポである。

(7)アメリカの遺伝子組換え作物やバイオエネルギーについては、下記を参照されたい。
食糧の生産と消費を結ぶ研究会編『リポート・アメリカの遺伝子組み換え作物』家の光協会、１９９9年。食糧の生産と消費を結ぶ研究会編『食料危機とアメリカ農業の選択』家の光協会、２００9年。

(8)磯田宏「アメリカ輸出穀作農業の構造変動と担い手経営」村田武編『21世紀の農業・農村 再編下の家族経営と農協』筑波書房、２００4年、45ページ。

(9)Daryll Ray/ Daniel De La Torre Ugarte/ Kelly Tiller, *Rethinking US Agricultural Policy: Changing Course to Secure Farmer Livelihoods Worldwide*, Agricultural Policy Analysis Center The University of Tennessee, September 2003.
このレポートは、村田武『現代の「論争書」で読み解く食と農のキーワード』筑波書房ブックレット、２００9年でも紹介している。

(10)２００8年2月のＷＴＯドーハラウンドの妥結に向けての「農業のモダリティに関する議長テキスト改訂版」には、途上国の関心事項についても詳細案「低開発途上国への特別条項」が盛り込まれた。
そこでは、途上国は、食料安全保障や国民の生計保障、農村開発についての基準にもとづいて「特別品目」、すなわち主食穀物や基礎食料農産物の一部については、主として経営規模10ha以下の小農民経営の生産する農産物を自ら指定し、関税削減率を15%または25%以下に抑えることができること、途上国のなかでも「小規模脆弱経済国」は、「特別品目」の関税削減を免除するとされている。ドーハラウンド妥結に向けて、自由貿易主義一本やりでは途上国の飢餓問題や農村経済の破綻を解決できず、「食料主権」の主張や、安定した経済発展のためには各国政府や国際社会の貿易管理を求める声に応えざるをえなくなっていることを反映したものであろう。

(11) 国際協力事業団（JICA）「協議議事録」、タイ国協同組合振興局（CPD）「プロジェクト事後評価報告書」を参考にして作成した。

# 第2章　世界の穀物需給動向と遺伝子組換え作物の新展開

今日、人間にとってもっとも重要となる食料や栄養的健康を生成する基本的な権利の保障のために食料主権が求められている。その実現は、可能な限り環境負荷をかけない持続可能な技術を活用した多様な生産システムの上に成り立つべきである。世界規模での食料システムを確立し、小規模生産者であっても持続可能な食料生産が保障され、国民にとって安全・安心できる食料消費を確保するためのイニシアティブを発展させる仕組みが必要となる。本章の目的は、世界で起こった穀物需給の動向と遺伝子組換え技術の新しい展開を検証するとともに、食料主権の有り様を考えてみることである。

## 1 世界の穀物需給

### (1) 世界の穀物需給の変化

2007年に始まった世界の穀物価格の高騰は記録的な水準に達し、08年2月にシカゴ穀物市場(CBOT)の先物取引では、大豆価格がt当たり470・3ドルを、同年6月にはトウモロコシ価格がt当たり297・1ドルの史上最高値を記録した。いずれも06年に比べ約3.7倍の高騰である。この結果、穀物の需給構造が不安定になり、世界の穀物繰越在庫量は全世界の消費量の55日分にまで減少したことなどが大きな引き金となって世界各地で食料を求める暴動が発生するなど、「食料危機」が叫ばれたことは記憶に新しい。こうした穀物価格の高騰は、食料の60%を海外に依存している日本にとっても深刻で、多くの食料品の価格が上がり、消費者の食卓を直撃することとなった。

その後、穀物価格の上昇を背景に世界的な増産意欲が高まり、天候が良好に推移したこともあって、穀物の生産量は増産しており、供給構造は徐々に緩和されつつある。2009/10穀物年度をみると、トウモロコシでは中国やEUでの減産が見込まれているものの、アメリカの生産量が史上最高と予想されており、その供給量は前年度を上回ると予想されている。しかし、小麦や米の生産量が干ばつ等の影響を受けて減少することが予想されており、穀物全体の生産量は前年度を下回る

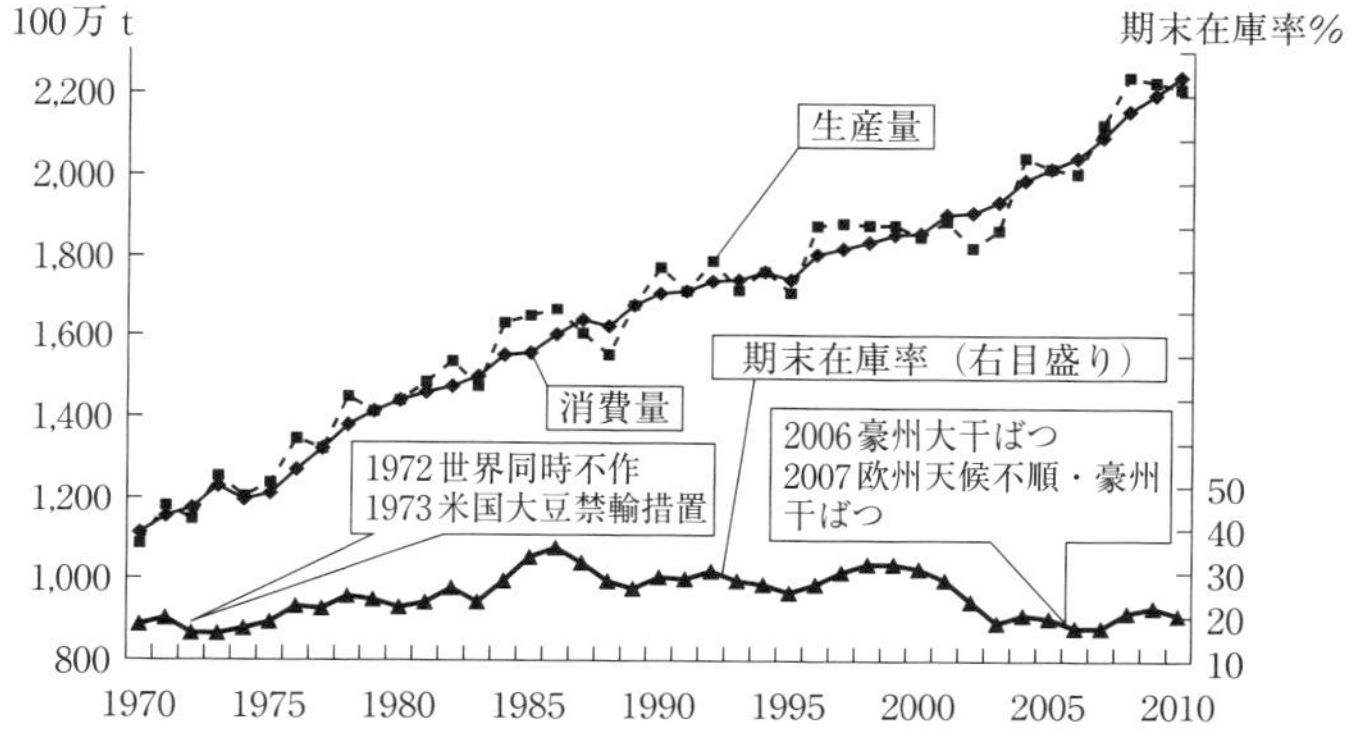


**図2−1　世界の穀物需給の推移**

資料：農林水産省「穀物の需要量、生産量、期末在庫率の推移」
http://www.maff.go.jp/j/zyukyu/jki/j_zyukyu_kakaku/other/zyukyu.xls
より作成。

見通しである（図2−1）。

一方、需要面をみれば、トウモロコシは中国の飼料用需要が大きく、またアメリカでのエタノール原料需要と飼料用需要が増加すると予測されており、前年度よりも需要量が増大する見込みである。さらに小麦や米も食料用需要が堅調なことから、穀物全体での需要量は生産量を上回る見通しとなり、その結果期末在庫量が前年度よりも少なくなると予想されている。(1)

## (2) 世界穀物需給の趨勢

世界の穀物需給の歴史的趨勢を概観すると、１９７０年代は、その初頭に世界的な異常気象に見舞われるなか、ロシア（旧ソ連）の穀物大量買付けと世界的な畜産の急速な拡大によって穀物の飼料仕向量が大きく増大した時期でもあった。人口の増大や所得の向上もあって、食料消費の拡大が供給量を上回ることになって世界的な食料危機が到来した。穀物の期末在庫率もＦＡＯの適正水準とされる13％を下回ることも多く、「食料ひっ迫期」であった。

１９８０年代に入っても異常気象の傾向は変わらず、生産は不安定であった。また、旧ソ連のアフガニスタン侵攻に対するアメリカの穀物輸出規制が強行されるなど、食料の「武器」化が進行するなど政治的にも不安定期であった。しかし、80年代半ばには気象条件も好転したことから穀物生産が安定して記録的な豊作が続き、供給量が需要量を上回るようになった。そのため、期末在庫率は30％を超え「需給緩和期」を迎えた。ところが、後半には、アジア・南米・北米などで干ばつや洪水が相次いで発生し、とくに88年のアメリカの大干ばつは70年代から80年代にかけて巨大な生産力を誇っていた同国に大きなダメージを与えた。さらに、当時の経済不況と相まって、財政赤字による農業補助金の削減などの施策の影響もあって生産規模が縮小され、世界の期末在庫量の60％以上を占めていたアメリカの在庫量は大きく後退し、それまで担ってきた世界の食料安全保障を支える穀物保管の役割が後退した。

１９９０年代に入っても依然として異常気象が続き、生産の不安定化から穀物の「穀物価格不安定期」を迎えることになった。中国・ＥＵ・カナダなどの一部の国で在庫量を発生させたが、アメリカの干ばつ減少を補うほどではなかった。そのため、期末在庫量が減少したことから穀物相場の乱高下を生み出した。90年代後半には、石油メジャーなどの新しい投機マネーが穀物先物市場に参入し始め、価格高騰の要因となった。

２０００年代に入ると、中国・インド・ロシア・ブラジルなどの新興国の需要が旺盛になって消費量の増大を喚起した。一方で、異常気象が常態化して生産量が不安定になるなど、需給バランスがタイトになっていたところに、バイオ燃料の新しい需要が発生したことから、穀物をめぐる食料とエネルギーの争奪戦が起こり、穀物相場が一挙に高騰した。このように、近年の穀物需給をめぐる様相は、異常気象による自然災害の影響、新興国の旺盛な需要増大、バイオ燃料など新規需要の創出、穀物市場への投機マネーの参入などが複雑に絡み合っており、こうした諸要因が重なり合って穀物の争奪戦と投機商品化を招いているのである。

## ２　アメリカの穀物生産拡大とバイオ燃料政策

アメリカ農務省が２０１０年8月12日に発表した世界農産物の需給予測によれば、アメリカにおけるトウモロコシの生産量は、３５２０万haの作付面積で3億３９５０万ｔの生産量と、当初の見通しより３００万ｔ上回り、１ha当たり10・５ｔの単収を記録する見通しである。過去3年にわたって単収が増大している。

トウモロコシは、飼料原料となる粗粒穀物（トウモロコシ、ソルガム、大麦、オートムギ、ライムギを含む）のうち4分の3を占める主要な取引穀物であって、重要な輸出戦略商品である。アメリカは世界のこれら飼料用原料の重要な供給国である。世界のトウモロコシの生産量は7億ｔに達してい

**表2－1**　アメリカのトウモロコシ生産と需給の推移

| 項目 | 単位 | 2008年 | 2009年 | 2010/8月 |
|---|---|---|---|---|
| 作付面積 | 100万エーカー | 86 | 86.5 | 87.9 |
| 収穫面積 | | 78.6 | 79.6 | 81 |
| 単収 | ブッシェル/エーカー | 153.9 | 164.7 | 165 |
| 期首在庫量 | 100万ブッシェル | 1,624 | 1,673 | 1,426 |
| 生産量 | | 12,092 | 13,110 | 13,365 |
| 輸入量 | | 14 | 8 | 10 |
| 総供給量 | | 13,729 | 14,791 | 14,802 |
| 飼料 | | 5,182 | 5,525 | 5,350 |
| 食品・種子・工業他 | | 5,025 | 5,865 | 6,090 |
| (うちエタノール原料) | | (3,709) | (4,500) | (4,700) |
| 総需要量 | | 10,207 | 11,390 | 11,440 |
| 輸出量 | | 1,849 | 1,975 | 2,050 |
| 米国総需要量 | | 12,056 | 13,365 | 13,490 |
| 期末在庫量 | | 1,673 | 1,426 | 1,312 |
| 農家平均価格 | ドル/ブッシェル | 4.06 | 3.50-3.60 | 3.50-4.10 |

資料：USDA World Agricultural Supply and Demand Estimates (WASDE) No. 485 / August 12, 2010　より引用。

るが、アメリカは最大の生産国であって、世界の約40％、輸出量では60％のシェアをもつ。

アメリカ国内でのトウモロコシ供給は、飼料用、エタノール原料および食品工業(コーンシロップ、コーンスターチなど)用である。さらに、イエローコーンの一部は食品のトルティヤチップスにも利用されている。現在、供給量の36％が家畜用飼料原料に仕向けられ、次いでエタノール原料が32％になっている。そのほか10％未満がコーンミール、コーンスターチ、コーンフレークなどの食用仕向け、種子および工業用途に供給されている(表2－1)。

08年6月のトウモロコシ先物市場価格の最高値は、バイオ燃料産業からの需要の増加が主要因といわれている。70年代から中西部などトウモロコシ生産地帯では、エタノールを10％混合した「ガソホール」ガソリンが販売されていた。これは、70年の大気浄化法（Clean Air Act 1970）が改定されて、再調合ガソリンの使用が義務づけられたことによる。このなかでガソリン添加剤として硫黄分０・05％の低硫黄添加剤ＭＴＢＥ（メチル・ターシャル・ブチル・エーテル）の混合が使用された。ところが、このＭＴＢＥが漏れ出して土壌や地下水を汚染するなどの環境汚染を引き起こしたことから、多くの州で使用が禁止された、73年の石油輸出機構（ＯＰＥＣ）の原油価格の大幅引上げにともない、エタノール生産に補助金が支給され、78年にはガソホールの物品税（バイオ燃料税）が免除された。

その後、90年の改定大気浄化法（ＲＦＧ）で、エタノール混合に一段の優遇処置が施され、エタノールを10％混合したＥ10ガソリンが国内に普及し始めた。さらに、95年の大気浄化法では、ガソリンに２％の酸素を含んだ改質ガソリンの使用が義務づけられ、全体の約30％がＭＴＢ（Methyl Butyl Ether：ハイオクガソリンの添加剤）含有ガソリンとなった。しかし、このＭＴＢもまた環境汚染の一因となったことから義務化が撤廃され、新たな再生可能エネルギー（エタノール）供給が求められることになった。こうして05年の「２００５年エネルギー政策法」では、バイオ燃料の使用を義務づけた「再生可能燃料基準法」（ＲＦＳ：Renewable Fuel Standard）によって、06年40億ガロン（１５００万kl）を12年に75億ガロン（２８００万kl）に増加させることが決まった。さらに06年の大統領年頭教書演説で25年までに中東からの原油輸入量75％削減目標が示され、同年の

「大統領一般教書演説」では石油依存からの脱却、バイオエタノール生産の国策化が提示されることになった。次いで、「07年一般教書演説」では２０１７年までに年間３５０億ガロン（１億３２００万kl）のバイオエタノール等の再生可能燃料・代替燃料使用の義務づけ、同じく17年までにガソリン消費20％削減が提示された。また同07年12月にブッシュ大統領はバイオ燃料を現在の２倍に相当する年間１５０億ガロンに拡大する署名を行なっている。[2]

アメリカにおける近年のトウモロコシ増産は、トウモロコシのエタノール生産の主原料化が予期されるなかでの生産者の生産意欲の高まりを背景にしている。この間、トウモロコシのエタノール生産仕向け量は、06年の５０００万ｔが、08年には９４００万ｔ、09年には１億１４００万ｔに、3年間で2.3倍になっている。

# 3　遺伝子組換え作物の進展とその特徴

## （1）遺伝子組換え作物の拡大

非営利団体国際アグリバイオ事業団（ＩＳＡＡＡ）[3]が公表した「世界の遺伝子組換え作物の商業栽培に関する状況２００９」によれば、遺伝子組換え（ＧＭ）の大豆やトウモロコシの栽培面積は、その商業栽培が始まった１９９６年の１７０万haから、09年には1億３４００万haに、13年間で80

倍近くにまで拡大した。この面積は、世界耕地面積の約10％、穀物栽培面積の約20％に相当し、日本の全国土のじつに3.5倍に当たる。ところが、近年の増加は、後述する「スタック形質」（複数の形質を併せもった品種）の展開によるものであることから、複数の形質をそれぞれ単一形質に置き換えて延べ数として計算した実質面積で測った「形質または実質面積」でみれば、09年のＧＭ栽培面積は１億８０００万haとなる。(4)

２００９年にＧＭ作物を商業的に栽培した国は25か国に上る。これに輸入を承認している32か国を加えた合計57か国が、ＧＭ作物の生産や輸入を承認している。この57か国のなかでは、ＧＭ作物輸入量ではわが国が最大であって、次いでアメリカ、カナダ、韓国、メキシコ、オーストラリア、フィリピン、ＥＵ、ニュージーランド、中国の順である。商業栽培が行なわれている25か国のうち、栽培面積で最大であるのがアメリカの６４００万ha、次いでブラジル２１４０万ha、アルゼンチン２１３０万haであって、これら３国がまさに「ＧＭ大国」である。以下、インド８４０万ha、カナダ８２０万ha、中国３７０万ha、パラグアイ２２０万ha、南アフリカ２１０万haであって、主要なＧＭ作物栽培国はこれら８か国である。とくに、ブラジル、中国は03年から、インドは06年から栽培が盛んになり、新興国をはじめとした発展途上国で、商品作物ワタや主食用トウモロコシなどが２０００年代半ばから拡大していることが近年の特徴となっている（図２-２）。

世界全体の作物別ＧＭ栽培面積では、大豆が６９２０万ha（全世界のＧＭ栽培面積の77％）、トウモロコシ４１７０万ha（26％）、次いでワタ１６１０万ha（49％）、ナタネ６４０万ha（21％）とな

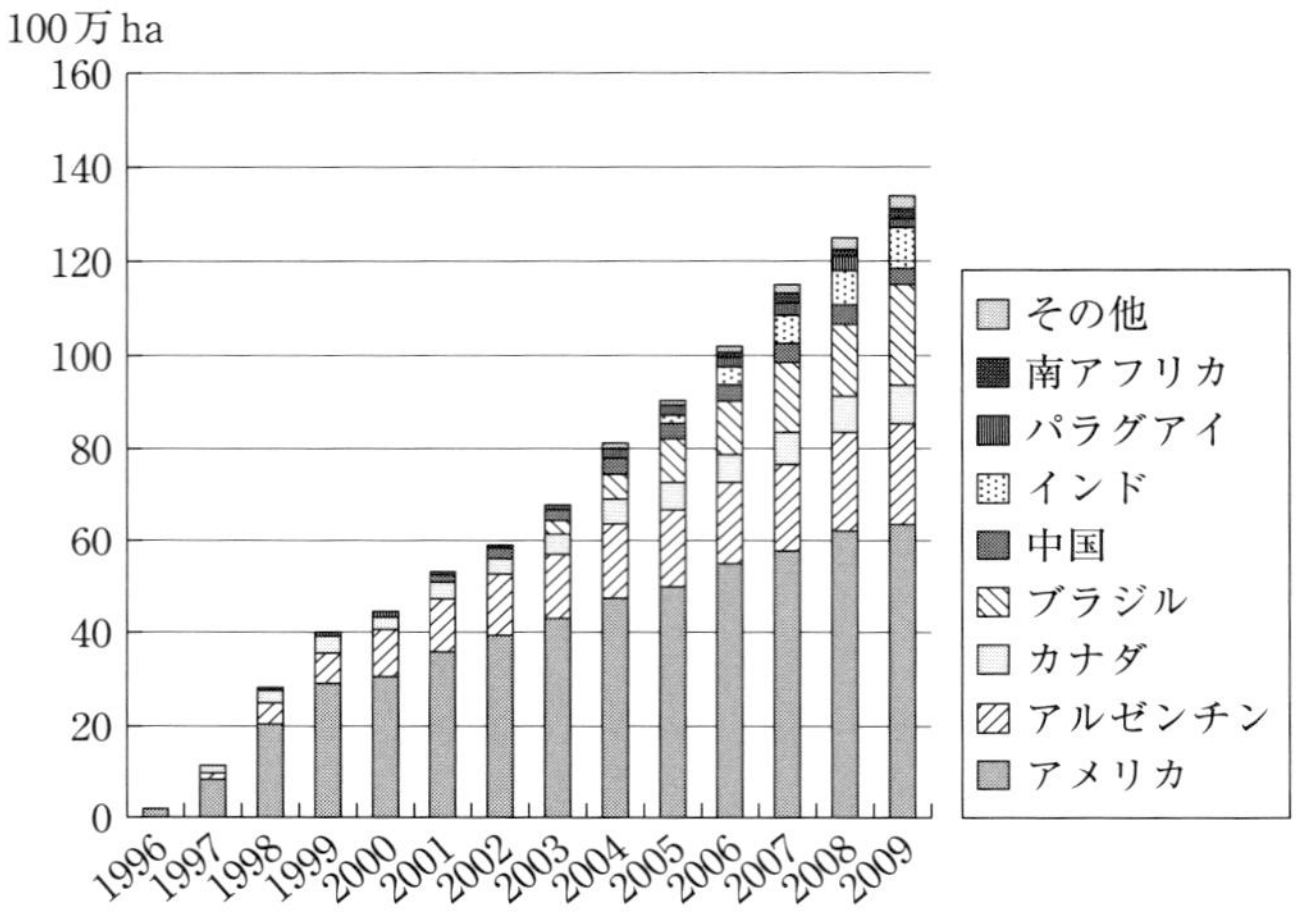


**図2－2　遺伝子組換え作物の国別栽培面積の推移**

資料：日本モンサント社ホームページ。
http://www.monsanto.co.jp/data/plantarea.html　より引用。
原典はISAAA（国際アグリバイオ事業団）である。

っており、1996年と比較すると、大豆、トウモロコシともに130倍以上に拡大し、これらGM作物の急速な拡大は、植物生産のうえで類のない普及率である。とくに、2000年代後半以降はGMトウモロコシの作付割合が増大する傾向にある（図2－3）。

GM作物には、除草剤耐性や害虫抵抗性などの性質（形質）が付与されているが、これらの形質別の作付面積の変化には次のような特徴がみられる。これまでのGM作物は、汎用性除草剤ラウンドアップ（Roundup）に対する耐性をもつ大豆に代表される除草剤耐性の形質をもったものが過半を占め、次いで害虫アワノメイガに対する抵抗性をもつトウモロコシに代表される害虫抵抗性をもったも

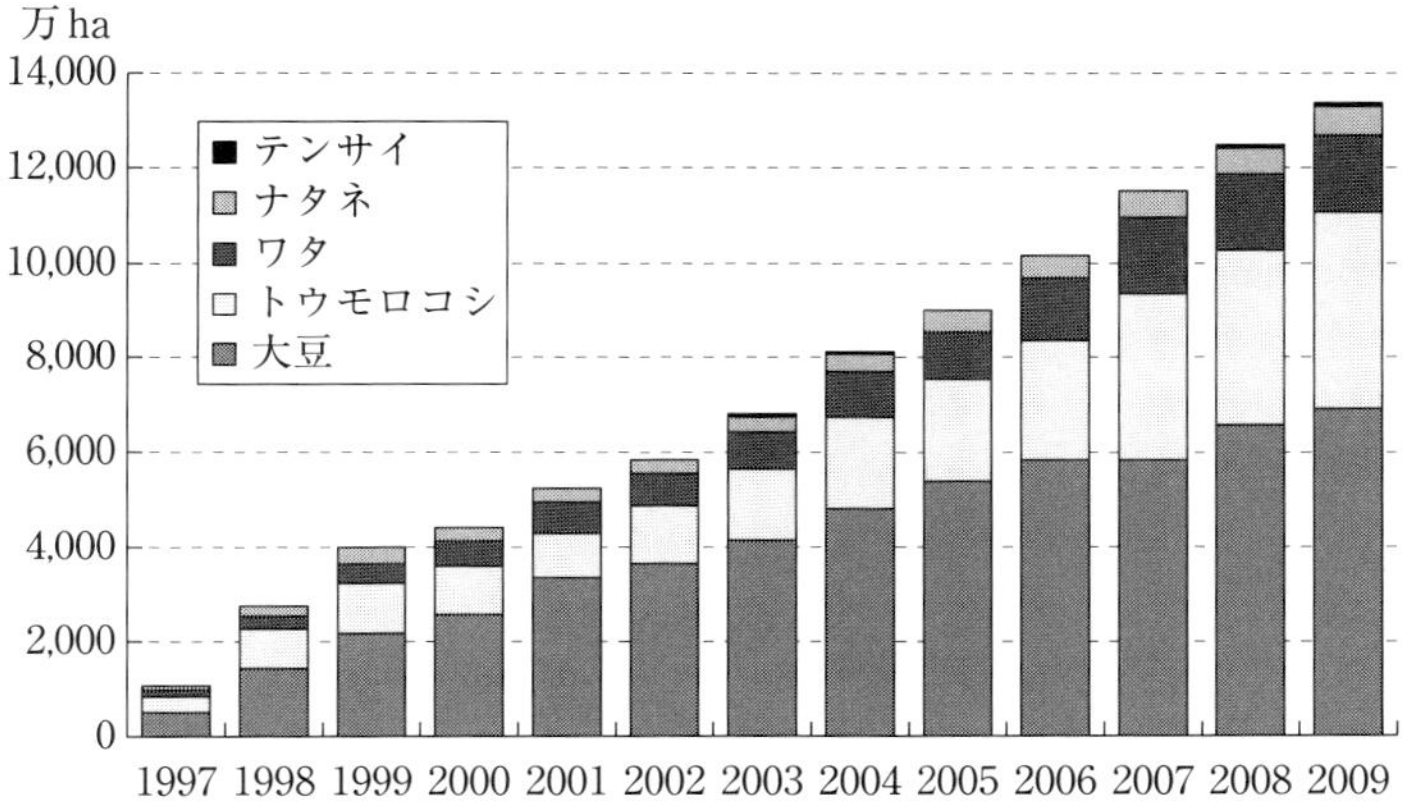


**図2－3 遺伝子組換え作物の作物別栽培面積の推移**

資料：日本モンサント社ホームページ。
http://www.monsanto.co.jp/data/plantarea.html　より引用。
原典はISAAA（国際アグリバイオ事業団）である。

のが続いていた。

ところが、その後、除草剤耐性や害虫抵抗性などの形質を2つ以上保有する「スタック」（stack：「積み重ね」を意味する）と呼ばれる新しいGMが台頭し始め、07年にはこのスタックGMが害虫抵抗性よりも作付面積を拡大した。大豆ではまだ除草剤耐性の形質にほぼ限られるに対して、トウモロコシでは除草剤抵抗性と害虫抵抗性の形質の双方をもったスタック・トウモロコシに取って代わられようとしている。

GMトウモロコシは、害虫抵抗性と除草剤耐性との形質を有する2種類が開発されてきた。最初に開発された害虫抵抗性（「Btコーン」）は、茎の内部に入り込んでトウモロコシを食害する「アワノメイガ」（Corn Borer）を駆除するために、土壌中に生息する昆虫病

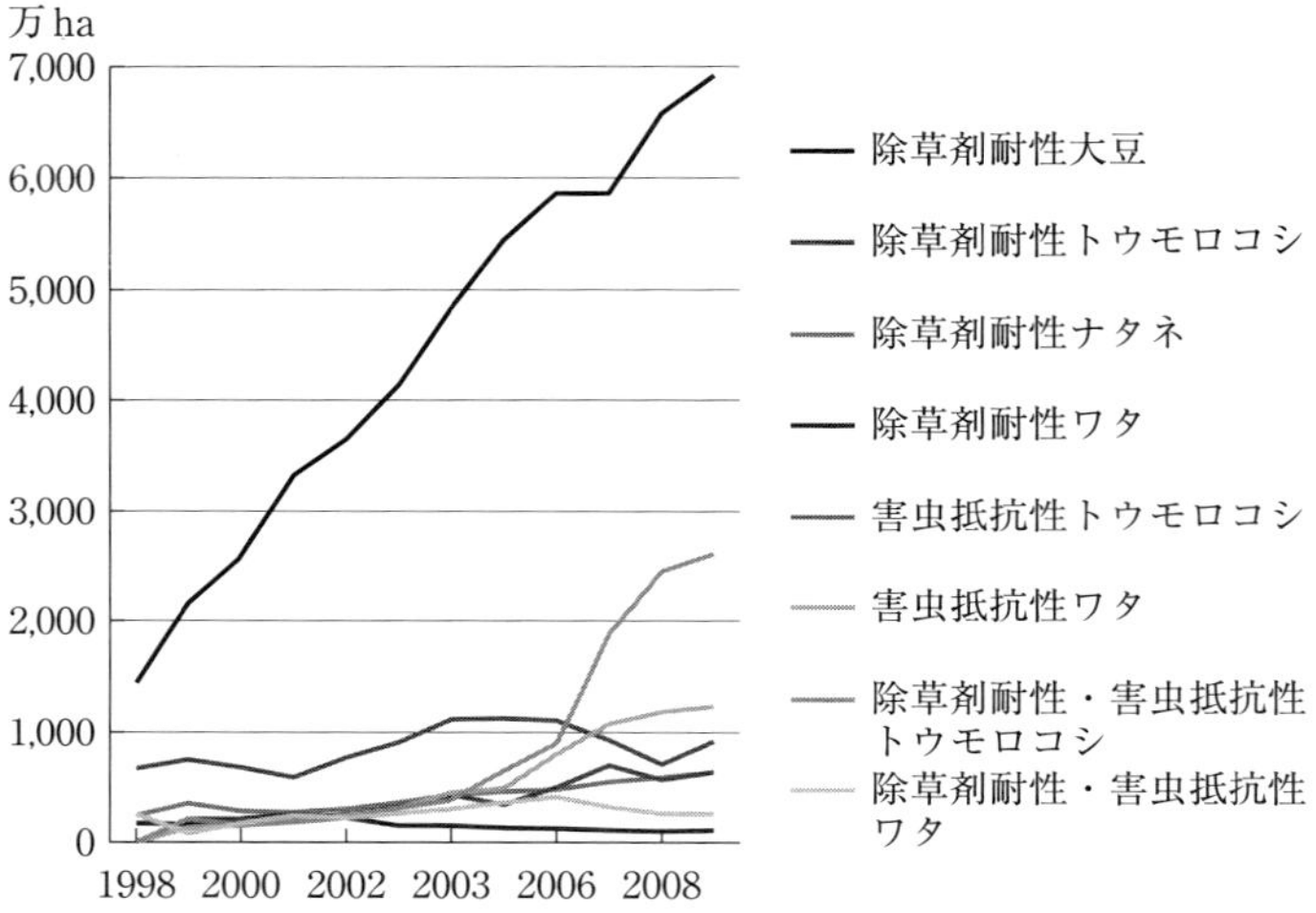


**図2－4**　遺伝子組換え作物の栽培面積（作物・形質別）2009年

資料：日本モンサント社ホームページ。
http://www.monsanto.co.jp/data/plantarea/index.shtml　より引用。

原菌の一種であるバチルス・チューリンゲンシス（Bacillus thuringiensis）の遺伝子を導入してBtタンパク質をつくる性質をもたせるものであった。そして、03年には、「根切り虫」（ルートワーム、Corn Root Worm）と呼ばれるトウモロコシ根の害虫に対する耐性をもったBtコーンが開発された。さらに除草剤抵抗性も加えられ、スタック・トウモロコシは、害虫抵抗性（アワノメイガ、ルートワームなど）と除草剤抵抗性の2つ以上の遺伝子形質を保有するものとなった。アメリカのトウモロコシ栽培面積（09年）3520万haのうちすでに85%がGMであるが、そのうち75%が2つ以上のスタック形質をもつまでになっている。そして、新たに台頭したスタック・トウモロコシは、08年以降のバイオエタノール需要の拡大によって一段とその面積を拡大したとみられるのである（図2－4）。[5] アワノメイガによるトウモロコシ被害がひどかったミシシッピ川西岸地域では、害虫抵抗性トウモロコシの作付面積が広がったが、さらに除草剤耐性やスタック・トウモロコシの作付面積では85％以上の高い作付比率になっている（図2－5、2－6、2－7）。

また、GMワタでも2形質GMがアメリカで75％、オーストラリアで88％、南アフリカで75％を占めるほどになっており、スタック形質はすでに遺伝子組換え作物の重要な特徴になっている。し

**図2－5**　コーンボア（アワノメイガの幼虫）

http://www.nwnyteam.org/AgFocus2006/Nov/Corn-European-Corn-Borer.GIF　より。

**図2－6**　アワノメイガの被害にあったトウモロコシ

http://www.extension.iastate.edu/NR/rdonlyres/76369F30-203F-40BA-8C29-9B9A66EF1E37/105636/rsz0727westernbeancutwormdamage.jpg　より。

**図２−７**　ルートワーム（根切り虫）の被害にあったトウモロコシの根（右）

http://www.ipm.iastate.edu/ipm/icm/2003/7-28-2003/crw_bt_nonbt_2.jpg　より。

**図２−８**　「スマート・スタック」の商標

Understanding "Stacked" Corn
http://pafarmgirl.wordpress.com/about/
March 22, 2010　より引用。

かも、現在スタックを採用している11か国のうち、８か国が途上国であることが特徴である。(6)１９９７年に開発されたスタックは、99年頃から広がりをみせ、とくに２００４年以降の拡大はめざましい。09年には、アメリカのＧＭ作物栽培総面積６４００万haの41％がスタック形質で、10年には除草剤耐性と害虫性耐性の

8つもの遺伝子形質を組み込んだ新GMコーン「スマート・スタック」が販売されている。「スマート・スタック」は、モンサント社とドー・アグロサイエンス社が07年にクロスライセンス契約を結んだもので、09年にアメリカ環境保護庁（EPA）の登録とカナダ食品検査庁（CFIA）の承認を得ている（図2–8）。[7]

さらに最近の特徴は、これまでの害虫抵抗性、除草剤耐性のほかに、乾燥耐性といった農業形質に加えて、オメガ3脂肪酸含有量向上のステアリドン酸（SDA）産出大豆の生産や、ビタミンA前駆体である$\beta$カロチン含有の「ゴールデンライス」などの、栄養素や免疫力を高める付加価値形質を組み合わせた第二世代GM作物の開発が行なわれるようになってきたところにある。

GM作物の開発における世界のリーダー「モンサント」社は、種子の開発とバイオテクノロジー事業、農業関連製品事業を主要な業務として、年間117億ドル（約1兆600億円）を売り上げるバイオ分野では世界最大のアメリカ企業である。ラウンドアップは1970年にこのモンサント社が開発した除草剤であって、ラウンドアップに耐性を有するGM作物はラウンドアップ・レディー（RR：Roundup Ready）と総称され、大豆、トウモロコシ、ナタネ、ワタが商品化されている。こうした初期に開発されたものを第一世代GM作物と呼んでいる。

第一世代のGM作物は、除草剤耐性、病害虫耐性、耐病性を主目的として、農薬使用量の減少や土壌流亡を防止する不耕起栽培の導入によって環境負荷を軽減し、生産コストを低減しながら、結果として収量の安定的確保を実現した。しかし第二世代のGM作物は収量そのものを増加させる技術を導入し、環境条件に直接耐性を与える技術の活用や、特定の栄養成分などを付加するなどの新たな価値を有するGM食品を創出するなど、GM開発は新しい段階に入ったといえる。モンサント社が開発し、09年からアメリカ国内で商業栽培が開始された第二世代の「ラウンドアップ・レディー2　イールド(RR2Y：Roundup Ready 2 YIELD)大豆は、当初の60万haが、翌10年には240万haにわずか1年間で4倍もの作付面積となった。

大豆の遺伝子解明が完了したことでDNAのなかで収量増加にかかわる領域が明らかにされ、その遺伝子を正確に組み入れることが可能となったことから、収量を増大させる性質がRR2Y大豆に備わったのである。その結果、実験圃場の成果としては、第一世代RR大豆より収量が7〜11％増加する結果が得られたという。これは、RR2V大豆では、1株当たりの種子数がRR大豆の85・8個から90・5個へ、3粒入りのさやの割合が50・5％から55・4％に増加したことによる。(8)

## (2) GM作物と農法・政府助成・環境リスク

アメリカ中西部のコーンベルト地帯では、以前はトウモロコシと大豆に休耕(セット・アサイド)が加わった輪作体系が基本であった。しかし、1996年農業法で休耕が廃止されてからは、トウモロコシと大豆、さらにはトウモロコシの連作が広がった。(9)

それを後押ししたのがGMの開発であった。従来の農法では、病害虫駆除のために冬季に耕起して土を冬の寒気に当ててきた。しかし、この冬季耕起では表土の流亡を防げなかった。害虫抵抗性トウモロコシを利用すれば不耕起栽培が可能となり、土地の流亡が防げる。その結果、生産者にとっては作業軽減と土壌侵食の低減、さらに収穫量増加という恩恵がもたらされる。

この間、ＧＭ作物に対する政府助成も拡充されてきた。08年には、ＧＭ作物を栽培する農家には、バイテク作物補償（ＢＹＥ：Biotech Yield Endorsement）と呼ばれる新たなプログラムが導入された。これは、ＧＭ作物栽培農家を対象に、農作物保険の保険料を減額するものである。たとえば、補償範囲を農場の85％とした場合には、１エーカー（40ａ）当たり約４ドルの節約になる。さらに、農家が一定レベルの収入を確保することのできる集団危険保険（Group Risk Plan）や、害虫、旱魃、洪水などさまざまな環境負荷による大幅な収量減少、または収入減少から農家を守るための集団危険所得保護保険（Group Risk Income Protection）などの農作物保険プログラムがある。[10]

さらに、ミネソタ、アイオワ、インディアナ、イリノイ州では、灌漑されていない農場のトウモロコシ生産者は、モンサント社が開発した「トリプルスタック」を播種すれば、農業保険[11]の割引（最大20％まで）を受けることができる。それがこれらの州で、生産者をして割引対象のモンサント社製スタックを、農場の75％以上に播種させるにいたっているとされている。[12]

しかし、ＧＭ作物栽培の急激な広がりは、環境対策を不可避にしていることに注目すべきである。

アメリカ農務省環境保護庁（ＥＰＡ）は、害虫抵抗性トウモロコシの抵抗性が失われる危険性を防ぐために、その作付割合の上限を80％に規制し、20％の緩衝地の確保を義務づけている。また、他家受粉であるトウモロコシのクロス受粉を避ける方策として非ＧＭトウモロコシとＧＭトウモロコシの栽培圃場に60フィート（約18ｍ）の間隔をあけ、その間に植樹する必要がある。ただし、スマート・スタックについては、広範囲にわたって抵抗性害虫の発生が抑えられることが証明されたとして、緩衝帯の範囲を縮小することを容認した。20％の緩衝地を５％に、またコーンベルト地帯では50％から20％に縮小することが可能である。

アメリカでは、１９９４年にＧＭトマト（フレーバーセイバー・トマト）の商業栽培でＧＭ作物の作付けがスタートしたが、このとき、安全性の担保として採用されたのが、「実質的同質性」という概念であった。これは、「ＧＭ作物ともとの作物を、姿、形、主要成分、性質などで比較し、ほぼ同等とみなすことができれば遺伝子組換えによって作物のなかに新たにつくられる物質の安全性が確認される」としたものである。つまり、その作物の安全性はもとの作物と同等であるとした考え方で、現在もこの考え方が踏襲されている。その後、「バイオテクノロジー規制の調和的枠組み」（もともとはＧＭ作物を想定したものではなく、新しい技術が農業の場面で展開されていく際の新しいバイオテクノロジーという技術にともなう規制の考え方）、「新たな植物品種に由来する食品に関する政策」などが策定されたが、個々の食品の安全性を審査する程度のレベルにとどまった。

03年からは、農務省動植物検査局（ＵＳＤＡ–ＡＰＨＩＳ）がＧＭ作物に対しての野外試験に関する規制を強化し、たとえば野外試験をする場合には、隔離距離を１マイル設定し、不作付け地のゾーンを拡大、専用機械の使用義務化などの11項目にわたる規制システムを強化させた。また、こうした連邦政府が行なう規制とは別に、各州政府・地方自治体がＧＭ作物の栽培を禁止する例もあるにはある。

いずれにしても、遺伝子組換え技術は世界各国で容認される方向にあり、以下にみるように、とくに貧困と食料不足の解消を求める途上国での普及拡大が急速に起こっている。あらためてその安全性を科学的に解明し、生産者・消費者ともに21世紀の新しい技術として是認できるようにすることが求められる。

### （3）新興国・開発途上国でのＧＭ作物の拡大

インドでは、09年に害虫抵抗性ワタの普及率が約90％に達している。ブラジルでは、栽培されたＧＭ作物うち約80％がＲＲ大豆となり、前年から大幅に拡大した。また害虫抵抗性トウモロコシも前年対比４倍という高い増加率で拡大している。発展途上国のＧＭ作物栽培面積は年々増大しており、世界全体（１億３４００万ha）の50％に達しようとしている。とくにブラジル、アルゼンチン、インド、中国、南アフリカの５か国が、ＧＭ作物の栽培拡大の推進国であって、これらの国ではＧＭ作物の栽培に補助金を含めた手厚い支援策が採られている。

中国は、09年11月にはＧＭトウモロコシおよびイネに「バイオセーフティ認定書」を発行し、ＧＭ栽培に向けてゴーサインを出した。このＧＭトウモロコシは、高フィターゼの遺伝子が組み込まれており、この高フィターゼトウモロコシで飼育された豚はリンの吸収率が高いため成長が早いと効果が期待されている。トウモロコシは中国全土で飼育される１３０億羽超のニワトリ、アヒルなど家禽類の飼料にもなり、畜産業全般への経済効果の改善につながるといわれている。害虫抵抗性のイネは、収量と収益の向上が期待されており、３０００万ha以上の中国の稲作経営への貢献が期待されている。このように、中国政府がすでに高フィターゼトウモロコシ、害虫抵抗性イネ、97年承認済みの害虫抵抗性ワタなど、主要な穀物の遺伝子組換え技術の開発を容認したことについて確認しておく必要がある。ＧＭイネが、除草剤耐性の形質にとどまらず、第二世代の高付加価値を加えたゴールデンライスであることにも注目すべきである。

09年にインドの規制機関（ＧＥＡＣ）が、インド政府に対して害虫抵抗性ナスの商業化承認を勧告した。インドでのナスは、きわめて重要な野菜であることから、その生産量の増大が求められてきた。ＧＭナスが承認されて作付けが開始されれば、農薬の削減とあわせて収益性が改善されて、インドの農業にとっては朗報だと期待されている。

このような中国やインドのＧＭ作物栽培の拡大は、ほかのアジア諸国に与える影響が大きい。主要な食料および飼料作物のＧＭ化は、食料の安全保障ともかかわりながら、その普及拡大が加速することが予測される。フィリピン、バングラデシュでは害虫抵抗性ナスが、インド、インドネシア、ベトナムでは15年までにゴールデンライスの導入が計画されている。さらに、ナタネ、サトウキビ、ジャガイモなどのＧＭ化が予定されている。

安定した食料生産に寄与することへの期待を担っているだけに、途上国におけるＧＭ作物栽培の拡大は急激に進むものとみるべきであろう。問題は、ＧＭ作物栽培の急激な拡大が、雑草の除草剤耐性獲得や害虫のＧＭ抵抗性獲得など環境リスクを高める危険性を孕んでいることであって、途上国政府には、ＧＭ作物栽培へのより慎重な対応が求められているのではあるまいか。

## 注

（１）農林水産省「海外食料需給レポート２００９」平成22年３月。
http://www.maff.go.jp/j/zyukyu/jki/j_rep/annual/2009/pdf/2009_full.pdf　より引用。

（２）早川治「世界のバイオエタノール生産がもたらした飼料・食料品の上昇」『日本の科学者』Vol.43、２００８年４月より。

（３）非営利団体国際アグリバイオ事業団（ＩＳＡＡＡ）は、公共団体や企業からの支援を受けて、先進国で開発された農業バイオテクノロジーを発展途上国に技術移転することで、21世紀における地球規模の環境問題、食料問題およびエネルギー・資源問題を解決することを目的とした非営利の任意国際機関である。詳細は　http://www.isaaa.org/default.asp　を参照。

（４）Clive James「世界の遺伝子組換え作物の商業栽培に関する状況２００９」
http://www.isaaa.org/resources/publications/briefs/41/default.asp　より引用。

（５）同上。

（６）同上。

（７）ISAA "Crop Biotech Update, 2009 09"
http://www.isaaa.org/kc/cropbiotechupdate/online/default.asp?Date=9/4/20　より引用。

（８）注（４）に同じ。

（9）立川雅司『遺伝子組み換え作物と穀物フードシステムの新展開』農文協、２００３年、75ページ。
（10）アメリカ穀物協会「高付加価値穀物（ＶＥＧ）シンポジウムとＤＤＧＳワークショップの報告」２００８年7月より引用。
（11）干ばつや冷害などの被害による農産物の収量減少を補償する農作物保険と生産物価格または収量の変動にともなう収入の減少を補償する収入保険を併せて農業保険という。
（12）Gary Schnitkey "*THE BIOTECH YIELD ENDORSEMENT*" *Farmdoc* January 30, 2008.
http://www.farmdoc.illinois.edu/manage/newsletters/fefo08_03/fefo08_03.html　より引用。

# 第3章　カナダの農産物マーケティング・ボードと供給管理

——酪農を中心に——

## 1　はじめに

いまカナダの農産物マーケティング・ボードと供給管理が国際的に注目されている。2008年のリーマン・ショックに端を発した経済不況のなかで、乳製品の需要が落ち込むとともに、過剰生産・在庫の積増しによって、EU、米国などの乳価は下落した。このため、ヨーロッパにおける中小規模の家族酪農経営は窮地に陥っている。

これとは対照的に、カナダの乳価は安定していることがヨーロッパの酪農団体から注目されている。供給管理とマーケティング・ボードが機能して、過剰生産を回避することに成功し、価格を下支えしてきたからである。供給管理とマーケティング・ボードはカナダ酪農経営の安定化と技術革新、効率化に大きく寄与してきた。しかし、わが国ではその仕組みや役割はあまり知られていない。本章では、カナダの農産物マーケティング・ボードと供給管理の仕組みと今日的な意義について、酪農を中心に述べる。

本章の構成は次のとおりである。第2節では、農産物マーケティング・ボードと供給管理の基本的な考え方と仕組み、およびこういった仕組みがどのように形成されてきたかを簡潔に述べる。次に第3節では、本章のおもな対象であるカナダ酪農業の現状を概観する。第4節では、加工原料乳と飲用乳に分けて、農産物マーケティング・ボードによる需給調整および価格支持の仕組みを説明する。第5節では、対外的な輸出入管理と供給管理との関係を取り上げ、北米自由貿易協定（NAFTA）、WTOのもとでカナダがこの仕組みを堅持してきたことを述べる。最後に、農産物マーケティング・ボードと供給管理の今日的な意義と課題について述べてむすびとする。

## 2　マーケティング・ボードと供給管理

### (1) 基本的な考え方と仕組み

カナダは有数の農産物輸出国であり、とくに小麦、ナタネ（カノーラ）、豚肉などの輸出では国際市場で大きな位置を占めている。ところが、その一方で国内市場向けが中心の酪農、鶏卵、鶏肉、七面鳥肉に関しては、全国的な需給調整を行ない農産物価格の安定を図っている。[1]これを供給管理といい、「農業経営への生産割当によって生産を管理する仕組み」であるとされる。[2]この供給管理を実施しているのが、農産物マーケティング・ボードである。

マーケティング・ボードは農業生産者によって運営される販売組織であり、政府機関ではない。ところが、マーケティング・ボードは、特定の農産物を生産・販売するすべての生産者を拘束する権限を法令によって与えられている。この点が農業協同組合とも違うところである。協同組合は組合員の自発的な意思によって組織するものであるから、加入・脱退ともに自由である。またメンバーであっても、基本的には協同組合を通してすべての生産物を販売する義務を負っているわけではない。[3]マーケティング・ボードの場合は、ある地域内（たとえば州）の特定農産物のすべての生産者がマーケティング・ボードを通して販売する義務を負うのであるから、協同組合よりも格段に強い拘束力を有している。

マーケティング・ボードは、目的によって次の４類型に区分されている。

①啓発・販売促進ボード（販売促進と調査研究）、②価格交渉ボード（加工業者やバイヤーと価格と販売条件について交渉）、③集中販売ボード（農産物の一元集荷と販売）、④供給管理型ボード（需給調整・供給管理と価格決定）、である。[4]ここで取り上げるのは、市場に対してもっとも強力な影響力を行使している④の供給管理型ボードである。以下では、供給管理型のボードの特徴をかいつまんで述べることにしよう。

第一に、全国的調整機構による販売計画の確立と運用である。マーケティング・ボードは原則として州を単位として設立・運営される組織である。とはいえ、供給管理型のボードが該当する農産物の需給調整を行なうには、全国的な販売計画を立てて運用することが必要になる。そこで、全国的調整機構が毎年の総供給量目標を設定し、各州のマーケティング・ボードに配分して需給調整を行なって、供給過剰になることを防いでいる。たとえば、鶏卵の場合はカナダ鶏卵生産者団体（Egg Farmers of Canada）、鶏肉の場合はカナダ鶏肉販売機構が全国的調整機構である（酪農についてはやや複雑であり後述する）。[5]

第二に、州のマーケティング・ボードによる個々の生産者への販売量の配分である。この配分は生産者が保有する割当（クオータ）をベースに行なわれる。逆にいえば、生産者は割当をもたなければ販売することができない。割当というのは、一定量の農産物を販売するための権利のようなものであり、売買することができる。したがって、供給管理の対象となる農産物の生産に新たに参入するには、廃業または規模縮小する生産者から割当を購入することが必要である。

第三に、生産費ベースによる販売価格の決定である。供給管理型ボードの農産物価格は、生産費調査の結果をベースに、需要の変動などの要素を考慮に入れてボードが決定している。この生産費調査は一定規模以上の経営を対象としたサンプル調査である。こうした仕組みによって、供給過剰を防止して、生産者価格を安定化させることに成功している。なお、一定規模以上の経営を対象にした生産費調査であるから、零細規模の経営までカバーしているわけではない。

第四に、輸出入管理と一体で運営されていることである。供給管理型ボードの対象である酪農、鶏卵、鶏肉、七面鳥肉は、国内市場中心の農産物である。とはいえ、需給調整のメカニズムが正常に機能するには、輸出入を管理することが必要になる。なぜなら、外国から低価格の農産物が自由に流入すれば、国内市場は供給過剰になるからである。１９９５年のＷＴＯ協定以前は、輸入割当制によって供給管理型農産物の輸入を国内消費量の数パーセントに制限していた。ＷＴＯ協定のもとでは関税割当制（ＴＲＱ）に移行し、低率関税枠（国内消費量の数パーセント）を超える輸入に対しては、２００％から３００％という高率関税を課している。

## (2) 農産物マーケティング・ボードの歩み

カナダでは、１９６０年代後半から70年代前半の時期に、現在の供給管理型ボードによる全国的需給調整の仕組みが整備された。[6] しかし、歴史をさかのぼると農産物マーケティング・ボードの最初の試みは、１９２７年のブリティッシュ・コロンビア州生産物販売法であるとされる。この法律は、生産者・販売業者・政府指名委員で構成される委員会が、販売の時と場所、品質と数量を規制し、価格を設定する権限をもつというものであった。しかし、１９３１年に連邦最高裁は、州間取引に介入すること、および運営手数料が間接税にあたることを理由に、この法律は憲法違反であるとの裁定を行なった。

１９３０年代の大不況期には、連邦政府が34年に自治領マーケティング・ボードを設立した。この組織は一次産品の販売を規制する広範な権限をもち、その一部または全部を地域の農産物マーケティング・ボードに委託することができた。また輸入を規制する権限ももっていた。そのもとで22の地域マーケティング・ボード計画ができたが、１９３７年に憲法違反の裁定を受け、自治領マーケティング・ボードは廃止された。

第2次大戦後の１９４９年農産物販売法をきっかけに、各州のマーケティング・ボード設立が活発になった。この法律は州が州間取引や輸出入に関する法令をつくることを認めて、州政府がマーケティング・ボードの設立審査・監督を行なう機関を設置することを可能にした。これによってマーケティング・ボードが憲法違反の裁定を受ける恐れはなくなり、各州の生産者がマーケティング・ボードを組織するようになった。

１９６０年代には鶏卵と鶏肉のマーケティング・ボードが各州で生まれ、供給管理による需給調整を実施して、生産者価格の安定と引き上げに成功した。ところが、60年代末から過剰問題が深刻化して、ほかの州からの鶏卵・鶏肉の移入の制限措置を行なう州が出てきた。これに対して報復措置をとる州が出るに及んで、州同士の対立を引き起こした。いわゆる「チキン・エッグ紛争」の勃発である。要するに、各州のボードによる需給調整では対応できない全国的過剰問題に直面したわけである。この事件をきっかけにして、全国的な販売調整機構の必要性が認識され、１９７２年の農産物販売機構法につながる。この法律によって、全国的な販売計画の導入が可能になり、販売計画を運営する全国的販売機構を設立できるようになった。

同法のもとで、鶏卵（１９７２年）、七面鳥肉（73年）、鶏肉（78年）、ブロイラー孵化卵（86年）の４つの全国的販売機構ができた。酪農については、66年に政府公社のカナダ酪農委員会（ＣＤＣ）ができ、ＣＤＣと各州代表がメンバーのカナダ牛乳供給管理委員会（ＣＭＳＭＣ）が加工原料乳の全国的な需給調整を行なっている（第４節で述べる）。

## ３　カナダの酪農業

### (1) 牛乳生産と酪農経営

２００８年度における牛乳生産は８２９万ｔであり、１９９８年度の牛乳生産７４１万ｔから11・８％の増加である。カナダの人口は移民の受け入れにより増加傾向にあり、牛乳消費も漸増している。

酪農経営数は98年度２万５６１経営から08年度１万３５８７経営へとこの10年間に34％も減少した。乳牛頭数は同じ期間に１１８万頭から98万頭へと20万頭の減少である（表３−１）。この間に１頭当たりの搾乳量は６２８３kgから８４５９kgへと35％の増加であった。すなわち、乳牛頭数の減少にもかかわらず生産量が増えたのは、１頭当たり搾乳量が大きく伸びたことによる。

酪農経営の規模拡大が続いており、１農場当たりの乳牛頭数はこの10年間に58頭から72頭へと増

**表３－１　乳牛頭数と牛乳生産量**

| 年度 | 酪農経営 | 乳牛頭数<br>1,000頭 | 牛乳生産量<br>万トン |
|---|---|---|---|
| 1998 | 20,561 | 1,184 | 741.4 |
| 2004 | 16,224 | 1,041 | 814.7 |
| 2005 | 15,522 | 1,019 | 806.4 |
| 2006 | 14,660 | 1,005 | 807.7 |
| 2007 | 14,036 | 999 | 834.0 |
| 2008 | 13,587 | 978 | 829.0 |

資料：Canadian Dairy Commission, Annual Report 2008-09, p.6.
注：酪農年度は８月１日から翌年の７月31日までである。

えた。

典型的な酪農経営の姿は次のようなものである。

「収入のほとんどを牛乳生産と乳牛販売から得てまったく専門化した経営で、72頭程度の乳牛をもつ家族所有の経営である。農場所有者の年齢は40歳代半ばであり、相当な自己資本を積み上げてきている。技術革新から取り残された酪農経営という都市住民が抱く田舎的なイメージはもはや時代遅れである。典型的な農場家族は人工授精、品種改良、労働節約型の搾乳システムといった進んだ技術の利用に習熟している。飼料添加物、家畜改良、給餌のコンピュータ化、個体管理システム、施設・設備の改良などがそのよい例である」[7]。

酪農の農場受取り額は53億ドル（08年）であり、カナダの農産物受取り額全体のおよそ13％を占めている。この比率は安定している。酪農経営と牛乳生産はケベックおよびオンタリオの２州に集中している。酪農経営のうちケベック州に49％、オンタリオ州に32％と、東部の２州に81％の経営が集中している。西部は13％、大西洋岸は６％にすぎない。人口の多いケベック、オンタリオに酪農経営の大半が立地している。牛乳生産量は、ケベック38％、オンタリオ33％とやはりこの２州で7割以上を占め、西部が24%、大西洋岸は6%である。[8]

## (2) 飲用乳市場と加工原料乳市場

牛乳は用途によって、飲用乳(生クリームを含む)と加工原料乳の2つに大別される。2008年度における牛乳生産829万tの内訳は、加工原料乳が499万tと全体の6割を占める。飲用乳が330万tで4割である。用途等級別にみた使用量では、加工原料乳の中でチーズ用がもっとも多くおよそ6割、バター用が4割という比率である。[9] チーズ、バター、ヨーグルト、アイスクリームなどの乳製品の加工原料乳としての市場が大きい。

表3-2　牛乳生産量(2008年度)

(単位：1000トン)

| | 飲用乳 | 加工原料乳 | 合計 |
|---|---|---|---|
| 大西洋岸 | 236 | 251 | 487 |
| ケベック | 746 | 2,382 | 3,128 |
| オンタリオ | 1,303 | 1,398 | 2,701 |
| マニトバ | 137 | 203 | 340 |
| サスカチュワン | 71 | 175 | 246 |
| アルバータ | 397 | 291 | 688 |
| BC | 410 | 290 | 700 |
| カナダ計 | 3,300 | 4,990 | 8,290 |

資料：Canadian Dairy Commission, Annual Report 2008-09, p.8.

注：大西洋岸はニューファンドランド、プリンスエドワード島、ノヴァスコシア、ニューブランズウィックの4州。BCはブリティッシュ・コロンビア。

表3-2に地域別・用途別にみた牛乳生産を示した。飲用乳は基本的に州単位で流通しているため、州内消費にほぼ比例して販売されている。ケベック州は牛乳生産第1位であるが、飲用乳としての出荷はオンタリオ州よりも少なく、生産のおよそ4分の3が加工原料乳に回るという構造になっている。人口のもっとも多い(したがって飲用乳需要も多い)オンタリオは飲用

表3－3　おもな乳業メーカー（2008年）

| 企業名 | 販売額 100万ドル | 所有形態 |
|---|---|---|
| Saputo Inc. | 5059 | 株式会社 |
| Agropur Co-operative | 2800 | 協同組合 |
| Nestle Canada Inc. | 2300 | ネスレの子会社 |
| Parmalat Canada Inc. | 2200 | パルマラットの子会社 |
| Gay Lea Foods Co-operative Ltd. | 387 | 協同組合 |
| Pineridge Foods Inc. | 375 | 株式未公開企業 |
| Scotsburn Co-operative Services Ltd. | 253 | 協同組合 |
| Amalgamated Dairies Ltd. | 127 | 協同組合 |
| Kraft Canada（注） | 非公開 | クラフトの子会社 |

資料：カナダ酪農委員会ホームページによる（原資料はFood in Canada, September 2009)。
注：クラフト・カナダ社は販売額を公表していない。

乳と加工原料乳の比率がほぼ1：1である。

### （3）酪農加工業の構造変化

次に乳製品加工業の構造について概観しておこう。乳製品の出荷額は131億ドル（カナダドル、以下同じ）で食品・飲料出荷額全体の15％（08年）と、食肉についで第2位という大きな位置を占めている。同年に乳製品加工業で雇用された従業員は2万2730人であった。

乳製品加工業は1970年代以降、合理化と企業集中を遂げてきており、工場数は75年以降半分に減った。その背景にはいくつかの要因がある。第一に酪農経営の専門化と輸送費用の低減が工場集約化を促したことである。第二に牛乳消費が微増で推移しており、市場の大きな拡大が見込めない状況で、企業は過剰な生産能力の削減、コスト低減をめざして、工場集約化と企業合併が進んだ。第三に、小売部門における企業集中も加工業の構造変化を促した。第四に、食品加工業のグローバル化であり、90年代前半から多国籍食品企業がカナダに進出するようになったことも、カナダ企業の生産合理化と工場集約化に影響を与えた。[10]

カナダのおもな乳業メーカーを表3－3に示した。サプト、パルマラット、ネスレ、アグロプール（協同組合）の各社が上位企業である。ただし、上位に入っているはずのクラフト・カナダ社が販売額を公表していないことは注意を要する。ネスレ、パルマラット、クラフトは多国籍企業のカナダ子会社であり、食品加工企業のグローバル化の影響を見て取ることができる。その一方で、ケベック州を基盤とするアグロプールに代表される協同組合による乳業メーカーも一定の影響力を保持している。

農産物マーケティング・ボードの役割は、加工企業の合理化、集約化、企業合併による寡占化が進むことに対して、農業生産者サイドの交渉力を強くして、有利な生産者価格を確保することにあるといえる。

## 4　酪農における供給管理の仕組み

### （1）加工原料乳における全国需給調整の仕組み

供給管理の仕組みは、飲用乳と加工原料乳とで異なっている。飲用乳は基本的に州単位で流通・消

表3－4　加工原料乳の生産目標（MSQ）（2009年7月31日）

| | 生産目標<br>万トン | 比率（%） |
|---|---|---|
| ニューファンドランド | 1.4 | 0.3 |
| プリンスエドワード島 | 8.5 | 1.7 |
| ノヴァ・スコシア | 5.8 | 1.2 |
| ニュー・ブランズウィック | 6.3 | 1.3 |
| ケベック | 225.8 | 45.4 |
| オンタリオ | 156.2 | 31.4 |
| マニトバ | 18.4 | 3.7 |
| サスカチュワン | 13.4 | 2.7 |
| アルバータ | 32.9 | 6.6 |
| BC | 28.6 | 5.7 |
| カナダ計 | 497.3 | 100.0 |

資料：Canadian Dairy Commission, Annual Report 2008-09, p.21.

費されるため、各州の牛乳マーケティング・ボードが需給調整を行なっている。加工原料乳は、１９６６年にできた連邦政府公社のカナダ酪農委員会（ＣＤＣ）が中心となって、全国的な需給調整と価格決定を行なっている。この節では加工原料乳の供給管理の仕組みを最初に述べる。

ＣＤＣと各州代表がメンバーであるカナダ牛乳供給管理委員会（ＣＭＳＭＣ）が、全国牛乳販売計画によって加工原料乳の全国生産目標を毎年策定する。この生産目標を「市場配分割当（ＭＳＱ）」と呼び、国内需要をベースに決められる。国内需要は２か月ごとに定期的にモニターされ、ＭＳＱの調整は牛乳供給管理委員会の承認によって行なわれる。ＭＳＱは州ごとに配分され、各州のマーケティング・ボードはこれを酪農経営に配分するが、その配分方法は州のボードで決めている。各州へのＭＳＱを示したのが表３－４であり、ケベックが45・４％、オンタリオが31・４％と主

産地の２州で全体のおよそ77％を占めている。(11)

カナダ牛乳供給管理委員会は、加工原料乳の供給管理における全国的な調整機関であり、ここで酪農と乳業部門とに関する政策が議論されている。この委員会のメンバーはＣＤＣ、各州の生産者代表と州政府代表であり、その他に全国消費者団体、加工業者団体、生産者団体の代表がオブザーバーとして参加している。ＣＤＣは同委員会の議長として需給調整の際の主導的役割を果たしている。

## (2) 加工原料乳の支持価格

次にＣＤＣによる支持価格の仕組みについて述べることにしよう。ＣＤＣはバターと脱脂粉乳の買入れ価格を毎年決めている。これは酪農経営が乳業メーカーに加工原料乳を販売する際の価格指標として州のマーケティング・ボードが用いており、生産者価格を下支えする役割を果たしている。

**表３－５　CDCの買入れ価格**

（ドル／kg）

| | バター | 脱脂粉乳 |
|---|---|---|
| 2000 | 5.54 | 4.68 |
| 2001 | 5.73 | 4.84 |
| 2002 | 5.90 | 4.99 |
| 2003 | 6.11 | 5.20 |
| 2004 | 6.30 | 5.39 |
| 2005 | 6.87 | 5.73 |
| 2006 | 6.87 | 5.83 |
| 2007 | 6.87 | 5.92 |
| 2008（1） | 6.93 | 5.98 |
| 2008（2） | 7.05 | 6.11 |
| 2009 | 7.10 | 6.18 |
| 2010 | 7.10 | 6.18 |

資料：CDCホームページによる。
注：2008年度は２月と９月に改定を行なった。

ＣＤＣによる買入れ価格決定のベースは、毎年実施される生産費調査である。生産費調査は、平均よりも大きい規模の経営を対象にしている。これをベースに、生産者、加工メーカー、消費者代表の意見を聴取して、買入れ価格を決定する。その際に考慮されるのは、生産費調査の結果、関係団体からの意見、加工メーカーの利益、消費者物価などの経済指標などである。買入れ価格の改定時期は年1回（2月）であるが、08年は飼料、燃料など農業投入財の価格高騰があり、例外的に9月に価格改定を行なった。[12]

最近10年間のCDCによる買入れ価格を表3−5に示した。バターは1kg5・54ドル（2000年）から少しずつ引き上げられ、08年2月には6・93ドル、年度途中の改定を経てその後も価格を維持している。2010年では7・10ドルである。脱脂粉乳もほぼ同様の推移をたどっている。

## （3）カナダ酪農委員会（CDC）の役割

酪農の供給管理においては、連邦政府公社であるCDCがきわめて重要な役割を果たしている。右に述べたことと一部重なるところもあるが、それが果たしている役割を整理すれば次のようになる。[13]

①カナダ牛乳供給管理委員会（CMSMC）の議長として、全国牛乳販売計画の策定とその運営において主導的な役割を果たしている。生産目標、つまり市場配分割当（MSQ）の算定と供給管理委員会への勧告を行なっている。

②東部5州（ケベック、オンタリオなど）と西部4州との2つに分けて、牛乳販売価格のプールを実施している（飲用乳・加工原料乳が対象）。これら牛乳販売価格プールの調整役と事務局機能を

担っている。

③乳製品の買入れ、貯蔵、加工、販売（国内市場向けと輸出向け）を行なっている。また、関税割当枠内でバターを輸入し、業者に売り渡している。関税割当制については後述する（第５節を参照）。

④バターと脱脂粉乳の支持価格（ＣＤＣの買入れ価格）を設定している。右で述べたように、この支持価格は乳業メーカーに原料乳を販売する際の価格指標として機能しており、生産者乳価を下支えしている。

⑤加工原料乳に低価格のスペシャル・ミルク・クラスを設定して、乳業メーカーへの販売を認可制により規制している。

⑥牛乳・乳製品の販売促進プログラムを開発し実施している。

## (4) 飲用乳の供給管理
### ―オンタリオ州の事例

飲用乳は州ごとの流通が基本であり、州のマーケティング・ボードがその供給管理を実施している。ここでは、飲用乳生産量が最大であるオンタリオ州を事例に、州の牛乳マーケティング・ボードの活動について述べることにしよう。[14]

オンタリオ州では、１９６５年の牛乳法にもとづいてオンタリオ牛乳マーケティング・ボード（ＯＭＭＢ）が設立された。その後、95年にオンタリオ・クリーム生産者マーケティング・ボードと合併して、オンタリオ酪農生産者協会（ＤＦＯ、Dairy Farmers of Ontario）に改組した。酪農はオンタリオ州の農業販売額の約２割を占めており、州農業のなかで最大の部門である。ＤＦＯはおよそ４８００の酪農家族経営をメンバーとしており、オンタリオ州の酪農生産者を代表して乳業メーカーに牛乳を販売している。

先に述べたように、東部５州（オンタリオ、ケベックおよび大西洋岸諸州）で牛乳の販売収入、輸送経費、販促経費のプールを行なっている。これは５州の生産者が同じ等級の牛乳に対して同じ価格を受け取るとともに、同じ金額の輸送経費・販促経費を負担しているということを意味している。

東部５州の飲用乳および加工原料乳の価格設定にあたって、全国生産費調査の結果が基本指標として利用される。この全国生産費調査は州の生産費調査結果を加重平均したもので、オンタリオ州の場合はおよそ１００の酪農経営をサンプルとして、経営データが収集されている（ＤＦＯ、州農業食料省、ＣＤＣ、ゲルフ大学の共同プロジェクト）。

ＤＦＯは酪農生産者に生産割当を配分しており、割当の配分と交換に関する政策を設定している。80年以降、割当を売買することができるようになり、そのルールを設定して、実施することはＤＦＯの重要な役割である。近年では、東部５州間で割当配分政策について共通化・標準化に向けた議論が進んでおり、その成り行きが注目される。(15)

## ５　輸出入管理とＷＴＯ協定

これまで供給管理について、国内市場の需給調整と価格支持を中心に述べてきた。しかし、供給管理の仕組みが機能するためには、輸出入の管理が必要になる。なぜならば、外国から安価な乳製品が自由に流入すれば、国内市場は供給過剰になり生産者価格は下落するからである。これを防ぐために、かつては連邦政府が供給管理のもとにある農産物の輸入割当制を実施していた。国内消費の数パーセントの範囲内で輸入割当を設定し、これを超える輸入を認めないという制度である。カナダはアメリカとの間に加米自由貿易協定を締結し（１９８９年発効）、その後メキシコも含めて北米自由貿易協定（ＮＡＦＴＡ）を結んだ。しかし、加米自由貿易協定およびＮＡＦＴＡのもとでも、カナダは供給管理農産物の輸入割当を堅持してきた。

95年にスタートしたＷＴＯ協定のもとでは、農産物の輸入数量制限を関税に置き換えること、最低限の輸入義務設定（ミニマムアクセス）などが盛り込まれた。このため輸入割当を維持することはできなくなり、現行の関税割当制（ＴＲＱ）に移行した。関税割当制は、国内消費の数パーセントに相当する割当内の輸入に対してはき

**表３－６　供給管理品目の二次関税率**

| 品目 | 二次関税率（%） |
|---|---|
| 牛乳 | 241.0 |
| ヨーグルト | 237.5 |
| バター | 298.5 |
| チーズ | 245.5 |
| 鶏卵 | 163.5 |
| 鶏肉 | 238.0～249.0 |
| 七面鳥肉 | 154.5～165.0 |

資料：カナダ関税譲許表。

わめて低い関税で輸入させるが、この割当を超える輸入に対して高率関税（二次関税率）をかけることができる制度である。たとえば、２００％の関税をかけられると、もとの価格の3倍になるため、実質的に輸入することはむずかしくなる。

乳製品の場合は、ＷＴＯ協定初年度（95年）でチーズ２８９％、バター３５１％という、高い二次関税率をかけている。二次関税率は15％引き下げることを約束しており、09年現在の二次関税率は牛乳２４１％、チーズ２４５・５％、バター２９８・５％である（表3-6）。ＣＤＣは低率関税で輸入できる関税割当枠内でのバター輸入と加工メーカーへの売渡しを行なっている。

## 6　むすび

供給管理とマーケティング・ボードの今日的意義と課題について述べてまとめとしたい。

第一に、供給管理とマーケティング・ボードは、牛乳、鶏卵、鶏肉、七面鳥肉などの過剰生産をおさえ、全国的な需給調整に成功してきた。本章で取り上げた酪農の場合は、ケベックとオンタリオの二大主産地を中心に、各州への生産目標の配分を行なってきたことが大きい。

第二に、この仕組みによって、当該農産物の生産者価格を安定化させ、農業経営の中長期的な見通しをもっての経営を可能とした。その中心になっているのが、全国的な生産費調査をベースとした価格設定の仕組みであり、これは家族経営の再生産を可能とする基盤となっている。ただし、生産費調査の対象となるのは一定規模以上の経営であり、零細規模まで含めてすべての経営をカバーするものではない。この間も酪農経営数の減少傾向は続いているのである。供給管理による家族経営の維持は、他方での効率化、技術革新と矛盾せず、むしろ両立すべきものと考えられている。

第三に、供給管理の仕組みが機能するためには、輸出入管理と一体的に運用することが必須である。カナダの場合は、供給管理の対象品目には関税割当制を適用することで、安価な輸入品がとめどなく流入することを防いできた。しかし、ドーハラウンドの成り行き次第によっては、輸出入管理は大きな影響をこうむることが予想される。マーケティング・ボードにとって、割当内輸入枠の拡大や二次関税率のさらなる引下げを迫られることは重大な関心事項である。

生産者団体の全国連合体であるカナダ農業連盟は08年の大会で、供給管理品目における割当内輸入枠の拡大や二次関税率の引下げに反対することを決議した。連邦政府もこの方針を支持し、ハーパー政権は供給管理の堅持を表明している。

08年7月、ジュネーブでのＷＴＯ閣僚級会合に際して、40か国の農業者団体が共同宣言を発表したが、カナダの供給管理型マーケティング・ボードもこれに加わり、「食料供給と価格の安定をはかるため、貿易ルールにおいて供給管理などの政策措置が認められるべきである」ことを基本理念のひとつとして盛り込んだ。食料主権を現実のものとする方法、仕組みは、国や品目によって多様であるが、カナダの供給管理とマーケティング・ボードはその選択肢のひとつとして位置づけることができる。

なお、わが国の米政策との関連について付言しておきたい。周知のように、近年生産者米価の下落が続き、米農家への影響はきわめて深刻になっている。戸別所得補償政策の導入にもかかわらず生産者米価の下落が止まらないのは、政策が米の生産調整から事実上撤退し、需給調整の役割を果たしていないからである。需給調整や生産者価格の下支えがない状態では、戸別所得補償を口実にした生産者価格の引下げや買いたたきが各地で起こっている。米価下落により、米農家が経営に展望をもてなくなっている。カナダの農産物マーケティング・ボードから学ぶべきことは、主要農産物について需給調整の仕組みを機能させること、これに生産費をベースとする生産者価格の下支えを組み込むことである。これによって農業生産者は中長期的な経営の見通しをもつことができ、技術革新と効率化が可能となるのである。

**注**

（1）カナダの農産物および農業構造の概観については、松原豊彦「農業と農産物」日本カナダ学会編『はじめて出会うカナダ』有斐閣、２００９年、１８８–１９６ページを参照されたい。

（2）Canadian Dairy Commission, *Annual Report 2008-09*, p.70.

（3）１９９０年代以降、アメリカ・カナダで加工原料農産物を中心に組合員に一定量の出荷を義務づけるタイプの「新世代農協」も出現しているが、ここではひとまず従来型の協同組合を念頭においている。

（4）Veeman, M.D. and Alwyn Loyns, "Agricultural Marketing Boards in Canada", p.61, in Sidney Hoos (ed.), *Agricultural Marketing Boards: An International Perspective*, Ballinger Publishing, 1979.

なお、同書の邦訳が、シドニー・フース（桜井倬治・藤谷築次・嘉田良平訳）『農産物マーケティング・ボード―世界各国の経験―』筑波書房、１９８２年である。わが国における農産物マーケティング・ボードの紹介としてはもっともまとまった訳書であるが、残念なことにカナダのそれを扱った章は抄訳である。

（5）鶏卵および鶏肉のマーケティング・ボードと供給管理については、松原豊彦『カナダ農業とアグリビジネス』法律文化社、１９９６年の第８章「農産物マーケティング・ボードの現状と課題」（２４６‒２６１ページ）に詳しい。ただし、１９９０年代前半までの期間を対象とした分析であることに留意されたい。

（6）農産物マーケティング・ボードの歴史的流れについての本項の記述は、松原前掲書『カナダ農業とアグリビジネス』をもとにしている。

（7）カナダ酪農委員会（ＣＤＣ）のホームページによる。

（8）Canadian Dairy Commission, *Annual Report 2008-09*, pp.6-8.

（9）Ibid., p.7.

（10）カナダ酪農委員会（ＣＤＣ）のホームページによる。

（11）同計画は70年にオンタリオ州、ケベック州と連邦政府がメンバーとして始まったが、74年末までにほとんどの州が参加して全国的な調整機関として機能するようになった。ニューファンドランド州は加工原料乳の生産がきわめて少ないために、正規のメンバーに入らず、オブザーバーとして参加してきたが、その後２００２年に同州も参加する計画となった（ＣＤＣのホームページによる）。

（12）Canadian Dairy Commission, *Annual Report 2008-09*, p.23.

（13）ＣＤＣのホームページによる。
（14）以下の説明はオンタリオ酪農生産者協会（ＤＦＯ）のホームページによる。
（15）Dairy Farmers of Ontario, *Annual Report 2008-09*, p.6.

# 第4章　食料危機・食料主権と「ビア・カンペシーナ」

## 1　はじめに

21世紀初頭の世界を食と農の危機が覆っている。

日本の農民はワーキングプアー並みの労働報酬で米を生産することを余儀なくされ、消費者は農薬入り冷凍ギョーザや汚染米など、食をめぐる不安にさいなまれている。

一方、ジャック・ディウフ国連食糧農業機関（ＦＡＯ）事務局長は「現在の動向のままでは、飢餓人口半減という目標の達成は、２０１５年ではなく２１５０年になる」、つまり今世紀初頭ではなく、22世紀半ばになるという悲観的な見通しを表明した（ＡＦＰ通信、08年9月17日）。国際社会は１９９６年に開いた食料サミットで、当時8億であった飢餓人口を２０１５年までに半減することで合意したのだったが、半減どころか、09年には10億2000万人に達した。

こういう危機を打開するために求められているのは何か。世界的な農民運動組織である「ビア・カンペシーナ」(La Via Campesina　スペイン語で「農民の道」の意)の運動を手がかりにして探りたい。ビア・カンペシーナを手がかりにする理由は以下のとおりである。

かつて「農業問題」は「農民問題」であったが、いま、それは「農業・農民・食料問題」に拡大したといっていい。農業・農民問題と食料問題の結合は危機の深まりの結果であると同時に、危機打開の運動を進める社会諸階層の連帯を広げる条件になっている。

ビア・カンペシーナは「食料主権」(Food Sovereignty)を大国と多国籍企業、WTOやIMF・世界銀行などが進める新自由主義政策に対するオルタナティブ(根本的な対案)として掲げ、農民(農業労働者、小農、家族経営農民)自身の運動と組織の強化を追求するとともに、広範なNGO・社会運動との共同を重視して食料危機の打開と農業の再生を模索している。食をめぐる危機には量(飢餓)と質(安全性)の両側面があり、危機の打開は飢餓に直面している「南」の人びとにとってだけではなく、「北」の人びとにとっても切実な課題である。食料主権の提起を通じて、食料問題と農業問題を一体のものとして運動してきたビア・カンペシーナは、いまや世界の社会運動の中心のひとつになっている。これがビア・カンペシーナを糸口にする第一の理由である。

第二に、世界でも日本でも、小農あるいは家族経営を時代遅れとみる議論が根強いが、世界の食料生産を担っているのは小農・家族経営である。世界の貧困人口のうち70%強が農村に住み、残り30%

弱の多くは農村に住めなくなった都市貧困層である。貧困と飢餓の打開にとって、小農のたたかいは要をなす。国際的な農民、農業団体の組織はビア・カンペシーナのほかに国際農業生産者連盟（IFAP）があるが、小農世界を代表するのはビア・カンペシーナである。

そして第三に、欧米やラテンアメリカ、さらに国連機関の間では代表的な社会運動として知られているビア・カンペシーナは、日本ではまだなじみが薄い。筆者が所属する農民運動全国連合会は2005年にビア・カンペシーナに加盟した。日本でなじみが薄いのは筆者らの力不足によるものであり、この際、本書を通じて少しでもビア・カンペシーナを紹介できればという思いもある。

以下では、食と農の危機的状況をこの章の議論の展開に必要な範囲で概観し、ビア・カンペシーナの成り立ちを紹介したうえで、WTO・新自由主義体制に対するオルタナティブとして成長してきた食料主権を手がかりに、本書の課題である「貿易における強者の『論理』を排し、真の国際連帯の途」を探りたい。

## 2　グローバル化のもとで進む食と農の危機

### (1) 食料価格危機

1970年代前半にも世界同時不作を原因とする食料危機が起きたが、現在の食料危機は、主要産

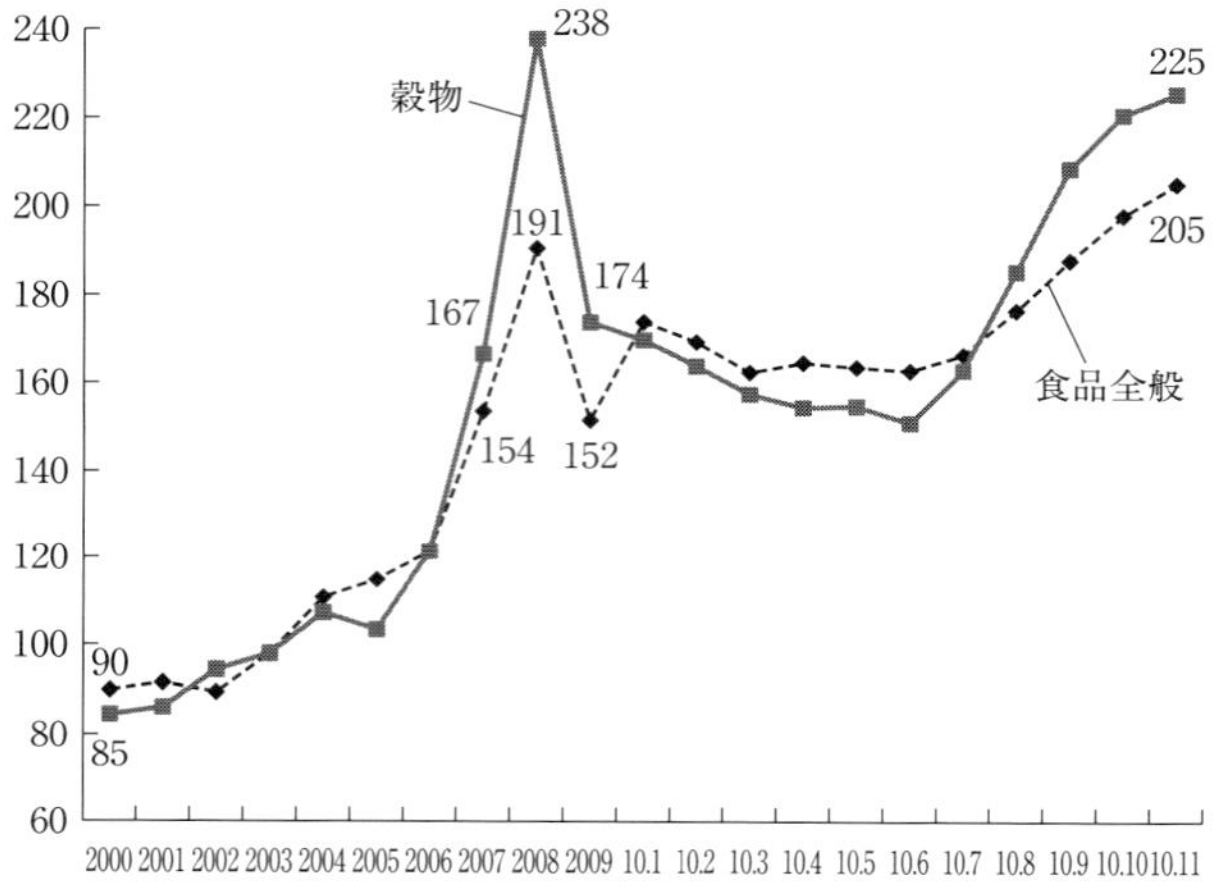


**図４－１**　FAO食品価格指数の推移（2002–2004年＝100）

資料：FAO Food Price Indices 2010.12.

地の豊作あるいは平年作のもとで「食料価格危機」として現れている。[1] 実際、穀物の価格は２００８年には02～04年比で2.4倍になり、食料全般も1.9倍になった（図４－１）。09年には下落したが、10年後半に入って反騰し、ピークに近づきつつある。しかも10年の高騰は旧ソ連、オーストラリア、タイなど主要輸出国の干ばつや洪水など気候変動が引き金になっており、07～08年とは要因が異なる。日本のエンゲル係数は21％だが、アフリカや南アジアの最貧国のそれは60～80％であり、生活費を切り詰めて食料を買う余地はない。

さらに悲惨なことに、発展途上国は価格高騰の影響を即座に受けるばかりか、国際相場が下落に向かっても国内小売価格は高値に張りついたままというケースが多い。いわば、熱しやすく冷めにくいのである。図４－２は、

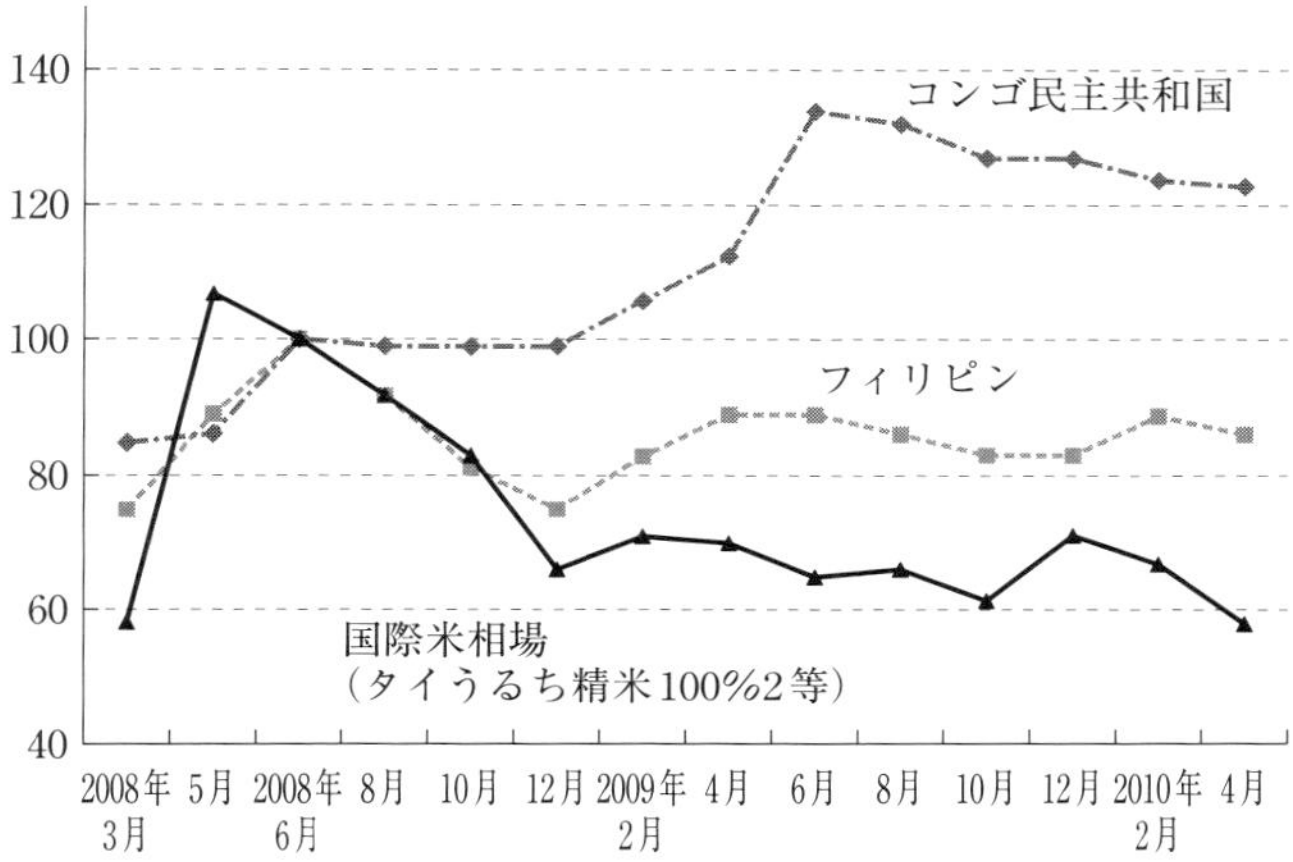


**図4－2**　国際米相場とコンゴ・フィリピンの米小売価格の推移（2008年6月を100とした指数）

資料：国際米相場はタイ国家貿易取引委員会。コンゴ民主共和国、フィリピンの米小売価格はFAO "GIEWS Country Briefs"（10.3.25、10.7.16）。フィリピンの08年3－5月はFAO "Crop Prospects" による。

飢餓人口比率が75％と世界最高のコンゴ民主共和国と、世界最大の米輸入国で米危機の影響を最も強く受けたフィリピンの米小売価格を指数化し、国際米相場との相関を示したものである。

国際米相場は08年5月のt当たり941ドルをピークに、10年4月には510ドルに46％下がったが、コンゴ民主共和国では上昇し続け、10年3月には08年6月比でなお20％以上高値のままである。フィリピンは14％下がったとはいえ、国際相場に比べれば高値に張りついたままである。その要因は輸入依存の深さ、多国籍アグリビジネスの価格操作[2]、政情不安と政府の統治能力の欠如などがあげられるが、いずれにせよ、もっとも切実に食料を必要とする人びとに食料が行き渡らない事態は続いており、「小康状態」などではない。

次の事実は、これを裏書きしている。「フィリピンの民間調査機関の調査によると、全国で約400万人（約21・1％）が10年4月から6月の3か月の間に1回以上の飢えを感じたことがあり、そのうち78万人が時々、あるいは常に飢えを感じているという」（「フィリピン・インサイド・ニュース」10年7月29日）。

もうひとつ悲惨なのは、価格高騰が一時的なものとして終わる可能性が低いことである。OECD／FAOの「2010〜2019年農業見通し」[3]によると、米の国際相場は11〜19年には多少下がってt当たり425ドル前後で推移する見通しである。最近の実際の国際米相場は、08年1月のt当たり383ドルから2月に457ドル、さらに3月508ドル、4月795ドル、5月941ドルへと2.5倍にはねあがったが、OECD／FAOの見通しでは、08年の異常な急騰直前の水準が続く。

米を例示するのは、飢餓地帯——南アジアや東南アジア諸国民が米を主食にしており、さらにアフリカでも、近年、米食のウエイトが高まっているからである。食料価格危機のさなかに、米は最も鋭角的な価格変動を示し、さらに今後も高止まりする可能性が高い。前出「OECD／FAOの見通し」も、農林水産省「2019年における世界の食料需給見通し」〈10年2月〉も同様の見通しを示している。

## （2）危機の背景にあるもの

こういう危機の背景にあるのは①気候変動による収穫減、②中国やインドなどの経済発展と食料消費の大幅な増加、③バイオ燃料ブーム、④投機マネーの暗躍であり、その根底にあるのは、WTOや世界銀行、IMFなどが進めてきた新自由主義政策のもとで、発展途上国の食料供給基盤が壊され、飢餓と貧困が拡大したことである。

このうち気候変動は国際社会が緊急に取り組んだとしても制御するには時間がかかる課題であり、発展途上国の食料需要増は、これまで1日1食か2食しか食べることができなかった人びとが3食まともに食べることができるようになったことを意味し、歓迎されこそすれ、「爆食」などと非難されるべきことではない。ブッシュ前大統領のように「インド人が肉を食べるようになったから、食料危機が起きた」などと非難するのは、そもそも飢餓問題を解決する気がないことを自認したものにすぎない。

問題はバイオ燃料ブームと投機マネーの暗躍にある。

トウモロコシやサトウキビ、パーム油などを自動車の燃料にするバイオ燃料はアメリカとブラジルが主導しているが、飢餓人口が10億を突破した世界の現状からみて、人と車の食料争奪戦が許されるはずはない。安倍淳・岐阜大教授によれば「2009年に、アメリカでは、トウモロコシの33・9％の1億4100万tをエタノールに転換し、車に使った。これは、3億3000万人の1年分の食料に相当する」。[4]

また「サブプライム・ローン」問題に端を発した穀物と原油に対する投機について、投機ファンド母国のひとつであるイギリスの雑誌は次のように告発している。「この18か月間という短期間で瞬く間に広がった食料『不足』は、金融派生商品市場の崩壊に続いた先物売買への投機が引き起こしたものである」「価格が上昇すればするほど、投機資本やアグリビジネスの利益は増え、さらに大儲けを狙う者が投機を引き起こす」「彼らの利益は1日2ドル以下で暮らす28億人の命と引き換えなのだ」。[5]

バイオ燃料も投機も、政策さえまとまればすぐにでも解決できる課題であり、その解決が国際社会に求められているのである。

## (3) 誰が飢え、誰が潤っているのか

もちろん、飢餓国といっても国民が等しく飢えているわけではない。飢えているのは貧困者であり、とりわけ農民(農業労働者、小作農民、小農)である(図4―3)。国際農業開発基金(IFAD)によれば、1日1ドル未満で生活する貧困層のうち農村部に居住する人びとは74%を占める。[6]これらは、いずれも04年かそれ以前のデータであり、経済危機、食料価格危機を経た現在では、より悪化しているはずである。

また、こういう人びととの「命と引き換え」に潤っているのが、投機資本であり、多国籍アグリビ

ジネスである。前出の安倍淳によれば「カーギルは、前回の食料危機の時、73～74年に前年比5.4倍の１億５９００万ドルの利益を得た」が、08年にはその2.5倍の４億ドル近くの利益をむさぼった。また、アメリカの農産物貿易収支黒字は05年の39億ドルから08年には３４８億ドルへと９倍になっ

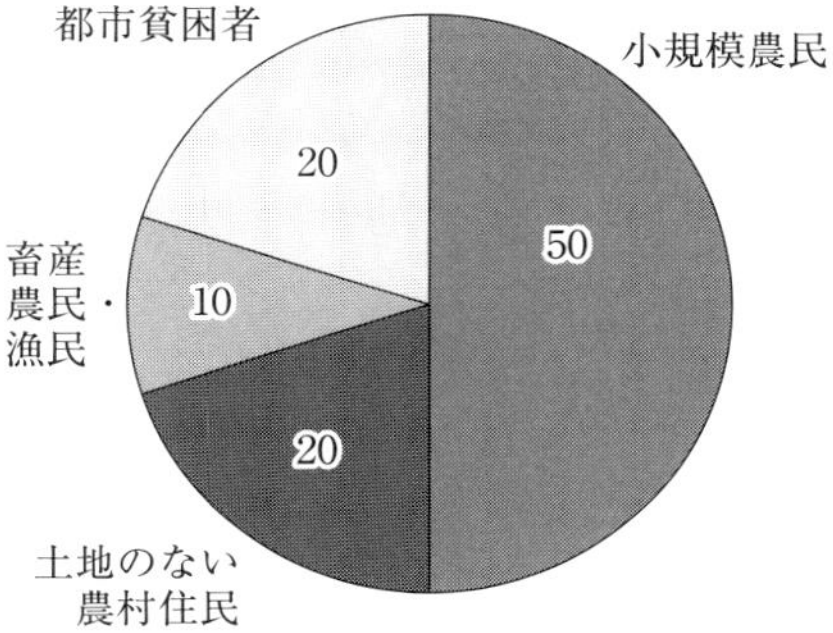


**図４－３**　飢えているのは誰か

資料：FAO「世界の食料不安の現状」2004。

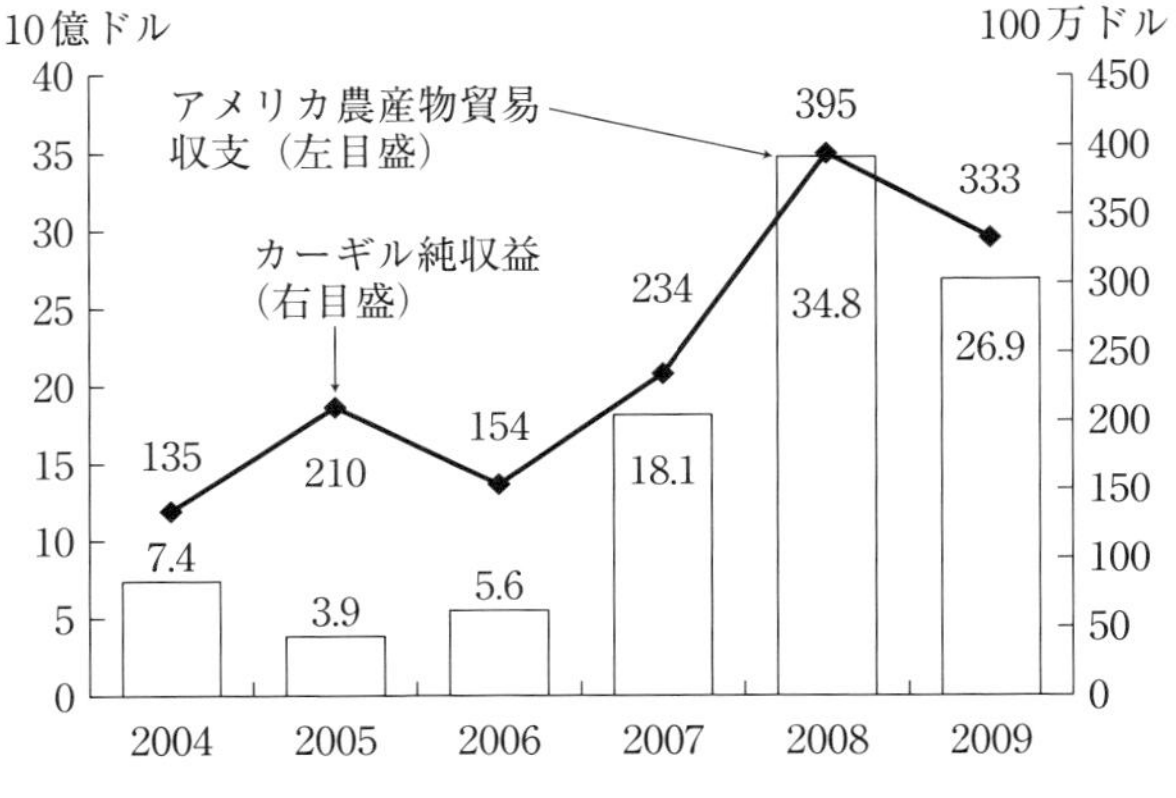


**図４－４**　潤っているのは誰か（アメリカの農産物貿易収支とカーギルの純収益）

資料：安倍淳「世界食糧危機と日本の食糧問題」『日本の科学者』2010年９月号。

ている（図4−4）。

## （4）食の安全

食と農の危機には、飢餓のほかに食の不安という「質」にかかわる側面がある。

日本では、２００8年に殺虫剤入り冷凍ギョーザと汚染米という食品汚染事件が発生し、国民に強い衝撃を与えた。冷凍ギョーザ事件が示したのは、食料自給率わずか40％の危うさとともに、大量の食品が輸入されているにもかかわらず安全確保を怠っている政府の無責任さであった。農民連食品分析センターが01年に中国産冷凍ホウレン草から基準値を大幅にオーバーする残留農薬を検出したのを契機に、厚生労働省は同商品の輸入禁止措置をとったが、冷凍ギョーザ事件で浮かびあったのは、このときの教訓がまったく生かされず、検査が行なわれていなかったという慄然たる事実であった。

汚染米事件は、もっと直接に政府の責任を問うものであった。WTO協定上、「輸入機会の提供」にすぎない米（ミニマム・アクセス米）の輸入を一方的に「義務」だと解釈し、その「義務」を果たすために、本来は突き返すのが当然のカビ毒汚染米や農薬残留米を輸入し続けたことが第一の責任であり、小泉「改革」のもとで米流通の規制を撤廃した結果参入した悪徳業者に〝工業用原料〟として払い下げたものの、それが食用に回されているのをチェックもしなかったことが第二の責任である。いわば、政府の不作為がからんだ史上最悪の食品偽装というべき事件であった。

このほか、学校給食パンからの農薬検出や原産国偽装などのニュースは引きも切らないが、食の不安のほとんどは輸入食品に由来する。論語の「朋有り遠方より来たる、亦楽しからずや」をもじっていえば「食あり遠方より来たる、また危うからずや」という状況だが、これは日本だけの特殊な現象ではなく、食の不安はグローバル化している。韓国でもネパールでも、隣の大国から輸入される食品に対する不安の声を聞いたし、NGOの国際集会でジャンク（くず、廃品）フードに対する告発は日常茶飯である。

## 3　食料主権を提起したビア・カンペシーナ

### (1) ビア・カンペシーナとは

ビア・カンペシーナは、ガット（GATT＝関税貿易一般協定）のウルグアイラウンドが大詰めを迎えていた1993年5月にベルギー・モンスで創立された。名称がスペイン語であることが示しているように、ビア・カンペシーナは、多くがスペインの植民地であった中南米の運動からスタートし、北米・ヨーロッパ・アジア・アフリカに広がって、現在、すべての大陸をカバーする68か国、148組織で構成されている。

ビア・カンペシーナに言及した日本語文献は決して多くはないが、筆者が気づいたものを、いわば外部からのビア・カンペシーナ紹介としてあげておく。吉田太郎はブログで、以下の2つを引用しながら、ビア・カンペシーナを「知られざる巨大な農民結社」と紹介している。(7)

「これだけインターネットが発達しているのに、環境運動家でも、世界的な規模のネットワークをもつ、2億5000万人の小規模農家が集まるNGO、ラ・ビア・カンペシーナのことを知らない人がいます。彼らが目指しているのは食の主権を確立すること」(ヘレナ・ホッジ『いよいよローカルの時代』大月書店、2009年、134ページ)。

「(WTOに対する)途上国の激しい抵抗の背景には、世界貿易の最大の犠牲者だった自作農民と先住民が国境を越えて協力しあい声を上げ始めたことがある。その声を代表しているのが……ビア・カンペシーナである。ビアは……世界最大の民間組織であり、創設されて間もないのにすでに国際的に無視できない組織となっている。ビアが従来の食料安全保障に代わるものとして掲げる食料主権の原則を憲法条項とする国もでてきた」(山崎農学研究所編、関曠野・他『自給再考〜グローバリゼーションの次は何か』農山漁村文化協会、2008年、36ページ)。

また、日本ではビア・カンペシーナを「南」の小農組織ととらえるむきもあるが、G8諸国のうちロシアを除くすべての国の農民組織が加入しており、アメリカやヨーロッパの農民組織から指導部(国際調整委員)が選出されている。

## (2)多様性のなかでの連帯と団結

ビア・カンペシーナの基本目標は「農業の工業化と輸出に重点をおいた新自由主義的モデルに抵抗するため、農村の組織の多様性を尊重しつつ連帯と団結を強めること」であり、「土地へのアクセス、食料主権、生物多様性と環境、中小規模生産者をベースにした持続可能で公正な農業生産を推進する」ことである。また、そのための組織方針として「中小農民、先住民、農業労働者の基本的な利益を守り、それらの人々の運動と組織を調整（コーディネート）する国際運動体であり、いかなる政治や経済にも依存せず、干渉も受けない自主性と多様性を貫く」ことを強調している（以上は「ビア・カンペシーナ規約」による）。

「南北」・ジェンダー・宗教・政治・人種・身分・言語などの多様性のなかで連帯と団結を追求することは生易しいものではない。しかし、連帯は脈々と追求されてきた。

たとえば、ビア・カンペシーナは世界を9ブロックに分け、各ブロックから男女ひとりずつ国際調整委員を選出しており、男性を2人選出することは認められない。ほかの国際組織にはみられないジェンダー・バランスの徹底は2０００年から貫かれている。また、08年10月に開かれた第5回国際総会では「女性に対する暴力を根絶する世界キャンペーン」の開始を宣言した。

宗教的多様性については「イスラム教徒が調整役になり、キリスト教徒、ヒンドゥー教徒、仏教徒やその他のあらゆる宗教に所属する人々のほかに、マルクス主義者や社会民主主義者などの無神論者を一堂に受け入れて当然とする運動は、今日の世界では注目に値する」と指摘されている。(8)

## (3)「南」と「北」の対立からグローバルな連帯へ

なかでも「南」と「北」の農民の連帯は、世界的な農民組織の強化と運動の発展にとって重要な意義をもった。

私たちがビア・カンペシーナに初めて出会ったのは、1999年にアメリカ・シアトルで開かれたWTO閣僚会議対抗行動の場であった。WTOが最初の敗北を喫したシアトルは、多国籍企業本位のグローバリゼーションに対抗するNGOや民衆運動のスタートになった。同時に、シアトルでたまたま参加したビア・カンペシーナの内部会議で、「南」の農民組織が「北」の農民組織に対し「『北』の国々が農産物輸入を制限し、農業補助金を出しているから、われわれは貧しいのだ」と批判していたことも印象に残った。

こういう「対立」がどう克服されてきたか、ビア・カンペシーナの運動に寄り添って研究を続けてきたマリア＝エレーナ・マルチネスとピーター・ロゼットは次のように述べている。

「2002年は「アメリカのダンピング輸出が頂点に達した――引用者注、以下同じ」象徴的な年だった。アメリカの輸出価格は小麦で生産費を43%下回り、綿花で61%、米で35%……下回っていた。これは世界中の農民にダメージを与えた。……企業的大規模農業に対する補助金が引き起こした「ダンピングと」農産物価格の下落は……多くの農民の破産を引き起こし、アメリカとヨーロッパの家族農業は急激なスピードで消滅していた。このような政策によって南北双方の農民が苦しめられているという共通認識が、ビア・カンペシーナの世界的な行動の基盤になり、北の農家及び南の小農民が共通の要求を持っているという結論に達したのであった。[9]」

「南北」双方の小農・家族経営の危機という認識は、世界のNGOの間でもほぼ共通のものになっていく。たとえば、WTOの2回目の敗北といわれた03年9月のメキシコ・カンクン閣僚会議後に出されたNGOの共同声明は、次のように指摘している。

「食料・農業……をめぐる本当の対立は、南北間ではなく、貧富の間にある。それは寡占化した企業が支配する輸出志向型の工業的農業と、主として国内市場向けの小農・家族農業をベースにした持続可能な農業の対立であり、『北』と『南』の両方の国々の内部に存在する対立である」「すべての補助を一律に禁止するのではなく、持続可能な生産を維持するための小農・家族農業に対する補助と、アグリビジネスの利益を促進する補助金を区別するべきだ。ダンピングを助長する直接・間接の補助は禁止すべきだ」「各国政府は、食料輸入をコントロールするために、輸入規制、ダンピング規制、関税を含むさまざまな措置を適用する権利をもつべきだ。[10]」

多国籍企業と世界中の農民・市民との対立の構図を鮮明にし、これに対抗する農民・市民のグローバルな運動を前進させる方向を示したものといってよい。

アメリカの農村社会学者、ファシャド・アラーギは「食料の世界商品化は、農業の世界的商業化とまったく同じことである……食料問題は現代における農民問題のもうひとつの面である」と述べ、「農民からの収奪について分析する際の今日の最も妥当な概念は、ナショナルなレベルの農民層分解ではなく、むしろ世界的規模での農村住民の追放である」と指摘している。[11]「世界的規模での農村住民の追放」が国際連帯を必然化させ、強い国際農民運動を生み、成長させてきたといってよい。

## (4) ビア・カンペシーナに対する国連機関の評価

ビア・カンペシーナは、運動を進めるにあたって、たんなるロビー活動や対話に堕するのを避け、草の根の農民組織として動員能力を発揮してきた。シアトルでもカンクンでも香港でも、WTO閣僚会議が開かれるたびに街頭や集会場を埋めてきたのはビア・カンペシーナだった。国連機関との関係では「明確な敵であるWTOや世界銀行に対しては毅然とした態度をとり、一方、WTOや世銀に替わって農業・貿易政策を決める新たな場になりうるFAOなどとの対話を行ってきた」。[12]

こういう運動を国連機関がどう評価しているか。ピーター・ロゼットはインタビューにもとづいて次のように紹介している。[13]

まず「敵」と規定されたWTOの役員(匿名希望)は、2003年のカンクン閣僚会議の決裂にビア・カンペシーナが影響を与えたのかどうかという質問に、「間接的にはあったかもしれない。ビア・カンペシーナは、WTOに対する明確なポジションで知られており、存在感がある。農業分野では、他のNGOと共同して影響力を発揮し、いくつかの国がビア・カンペシーナのポジションを採用した。各国が交渉姿勢を決めるうえでビア・カンペシーナは役割を担っている」と答えている。

世界銀行の専門家ジョン・ガリソンは、「ビア・カンペシーナは、道理にかなった代表的な農村社会運動である。ビア・カンペシーナと他の市民社会団体は、世銀にポジティブな影響を与えてきた。世銀は、農地改革事業を10～15年前は支援していなかったが、ビア・カンペシーナのような団体に耳を傾けるようになった結果、支援するようになった。しかし、ビア・カンペシーナは農地改革に関する世銀の政策に批判的すぎる。お互い独立性と批判的観点を保ちながら協力することもできるので、ビア・カンペシーナがもっと世銀と対話することを望む」と、持ち上げと弁解におおわらわである。

ＦＡＯの役員のひとりは、ビア・カンペシーナの食料主権概念の推進運動がＦＡＯに影響を与えたのかどうかという質問に対し、非公式の場では「影響を与えたことは疑いない。食料安全保障から食料主権への転換は重要である。まだＦＡＯで正式に採用はされてはないが、食料主権がＦＡＯ内で広まっていることは、国際社会・市民社会・ＦＡＯが同じ方向に向かって行けるという兆しである」と、ほぼ全面的な賛意を表明している。

同時に、ＦＡＯ加盟国や他の国連機関の圧力に抗することができず、「ＦＡＯには強烈な政策提言を行うビア・カンペシーナを無視したがる部門もある。ＦＡＯとビア・カンペシーナの共同は安易には考えられない。組織上の理由で〔ＷＴＯや世界銀行などの〕姉妹機関を批判することは難しく、批判すればするほど選択肢が狭まってしまう」として「批判的なキャンペーンではなく、もう少し積極的な方向に運動を設定することが必要である」と、ビア・カンペシーナに現実主義的な対応を勧めてもいる。

「敵」であれ、対話の対象であれ、国連機関がかなりまともにビア・カンペシーナを評価していること、また、こういう評価を勝ち取るだけの運動をビア・カンペシーナが進めてきたことは明らかだろう。

## 4　食料主権運動の発展

### (1) 食料主権とは

ビア・カンペシーナは、WTO・新自由主義体制に立ち向かう対抗行動と真の農地改革の実現に重点をおき、オルタナティブとして食料主権を提唱してきた。

食料主権は、すべての国と民衆が自分たち自身の食料・農業政策を決定する権利である。それは、すべての人が安全で栄養豊かな食料を得る権利であり、こういう食料を小農・家族経営農民、漁民が持続可能なやり方で生産する権利をいう。食料主権には、多国籍企業や大国、国際機関の横暴を各国が規制する国家主権と、国民が自国の食料・農業政策を決定する国民主権を統一した概念である。

食料主権を実現するためには次の政策が不可欠である。

●遺伝子組換えや工業的農業から食品の安全を守る

●国内生産と消費者を保護するため、輸入をコントロールする
●貿易よりも国内・地域への食料供給を優先する
●生産コストをカバーできる安定した価格を保障する
●輸出補助金付きのダンピング輸出を禁止する
●アグリビジネスによる買いたたきや貿易独占を規制する
●完全な農地改革を実施する

食料主権は１９９６年にビア・カンペシーナが提唱した。96年はＷＴＯがスタートした翌年であり、国際社会の責務として飢餓人口の半減を宣言した食料サミットが開かれた年だった。ＷＴＯは従来のガットの枠組みを踏み越えて自由貿易原理と各国の農業・食料政策に対する内政干渉を貫徹する機関として成立したが、食料サミットはＷＴＯに妥協して、自由化の全面的な推進こそが飢餓解消につながると宣言し、さらに食料安全保障という言葉で、どこで、誰が、どのように生産した食料かを問わずに、とにかく食料をあてがえばいいという方向を打ち出した。

この食料サミットに並行して開かれたＮＧＯフォーラムにビア・カンペシーナが食料主権概念を提起したのであった。こういう経過から、食料主権はＷＴＯに対する食料・農業分野のオルタナティブであるとともに、ＦＡＯが持ち出した食料安全保障に対する批判・代案としての性格をもっている。

ピーター・ロゼットは表４－１のように食料主権モデルと新自由主義モデルを対比している。(14)

## 表4－1　食料主権モデル vs 新自由主義モデル

| | 食料主権モデル | 新自由主義モデル |
|---|---|---|
| 貿易 | 食料と農業を貿易協定から除外すべき | 全面的な自由貿易にすべき |
| 生産の優先順位 | ローカル市場向け食料を優先 | 輸出向けを優先 |
| 農産物価格 | 生産コストをカバーし、農民と農業労働者に人間らしい生活を保証する公正な価格を保障すべき | 市場原理（低価格を強要するメカニズムまかせ） |
| 補助金 | ダンピングによって他国に損害を与える補助金以外のもの、つまり直売、価格・所得支持、土壌保全、持続可能な農業への転換、研究など家族経営にのみ与えられる補助金を認めるべき | 第3世界の補助金を禁止する一方、アメリカとEUの莫大な補助金を容認。しかもこれは大規模農家にのみ支払われる |
| 食料 | 食料は人権である。食料は安全で栄養があり、人びとが購入可能で文化的に適切で地域で生産されたものであるべき | 食料は商品（これは実際には脂肪や有害な残留物に満ちた不純な食料を意味する） |
| 飢餓 | アクセスと分配の問題であり、貧困と不公正が原因 | 生産性の低さが原因 |
| 食料安全保障 | 食料安全保障は、飢えている者の手に生産があることが最も重要。あるいは食料生産がローカルに行なわれる場合 | もっとも安い国からの農産物輸入によって達成される |
| 土地、水の管理 | ローカル・コミュニテイによる管理 | 民営化 |
| 土地に対するアクセス | 真の農地改革を通じて実現されるべき | 市場原理にまかせるべき |
| 種子 | 農村社会と文化に信託された人類共有の財産。「生命特許反対」 | 特許商品である |
| ダンピング | 禁止されなければならない | 問題の核心ではない |
| 過剰生産 | 過剰生産が価格を引き下げ、農民を貧困に追い込んでいる。アメリカとEUは供給管理政策をとる必要がある | 定義されるべき問題ではない |
| 遺伝子組換え | 健康と環境を害する不必要な技術 | 将来への流れ |
| 農法 | エコロジカルで持続可能な農法。遺伝子組換えノー | 工業的、モノカルチャー、化学物質多投、遺伝子組換え |
| 農民 | 文化と遺伝子資源の守り手、生産資源の管財人、知識の宝庫 | 時代錯誤、非効率、やがて消滅する存在 |
| 都市の消費者 | 生活に必要な賃金を | 労働者の賃金はできるだけ低く |
| もう一つの世界 | 可能であることは広く証明されている | 不可能 |

資料：ピーター・ロゼット「食料主権」（フードファースト“BACKGROUNDER 2003秋”）

## (2) 国連人権理事会（委員会）での検討

食料主権は、WTO・新自由主義に対する農業・食料分野のオルタナティブとして世界中のNGOの共通スローガンになっている。そればかりではない。食料主権は、国連機関が認知し、いくつかの国で憲法や農業法の原理として取り入れられるという発展をとげてきた。

国連人権理事会での議論は第５章で詳述されるので、ビア・カンペシーナに関連する範囲で概観する。

筆者が知るかぎりでは、国連文書に食料主権概念が初めて本格的に登場するのは、２００２年８月に開かれた第57回国連総会に対するジャン・ジグレール（ジュネーブ大学元教授で、２０００年９月から２００８年４月まで「食料に対する権利に関する特別報告者」を務めた）の報告である。[15] 同氏は02年６月に開かれた食料サミット５年後会合の宣言が、自由貿易とバイオテクノロジーが飢餓克服の鍵になると述べたことを厳しく批判し、これらが飢餓問題の解決につながらず、食料に対する権利(Right to Foods）を実現するうえで妨げになると指摘した。そのうえで同氏は、サミットに並行して開かれた「食料主権に関するNGOフォーラム」が提起した食料主権概念を「オルタナティブで力強い政策オプション」、飢餓解決に真剣に取り組むうえでの「重要なガイダンス」と評価した。このフォーラムには、筆者も参加し、ビア・カンペシーナの主だったリーダーと出会う機会になった。また、多様性のなかでの連帯と共同がフォーラム運営の基礎になったことはいうまでもないが、ビア・

カンペシーナがリーダーシップを発揮したことも印象に残っている。

続いて、04年3～4月に開かれた第60回国連人権委員会では次のような勧告が採択された。[16] 勧告は、日本を含む51か国の賛成で採択された。異論を唱えたのはアメリカ（反対）とオーストラリア（棄権）だけであった。

「特別報告者は、各国政府に対し、人権義務に従って食料に対する権利を尊重し、保護し、履行するよう勧告する。食料に対する権利に重大な否定的な影響を及ぼしうる世界貿易システムのアンバランスと不公平に対しては、緊急の対処が必要である。いまや、食料主権のビジョンが示しているような……農業と貿易のための新たなオルタナティブ・モデルを検討すべき時である」（53パラグラフ）

特別報告者は、この勧告に先立って食料主権と食料に対する権利の関係について、「食料主権の概念についてのアカデミックな研究や系統的な文書はほとんどない。むしろそれは、小農・家族農民の世界的な社会運動体であるビア・カンペシーナによって最初に提案された後に、市民社会組織の間で反復的に討議され、概念化されつつある概念である」（25パラグラフ）とした。そして、「食料主権の概念は、食料に対する権利の概念と同じではないが、両者には緊密な関連がある」（24パラグラフ）、「貿易ルールが食料に対する権利を脅かすとすれば、その貿易ルールは、人権法の基本に対する挑戦であるといわなければならない。食料に対する権利は、したがって、食料主権のためのたたかいにとって、重要な法的基礎を提供するものである」（34パラグラフ）と述べ、国際人権規約にもとづく食料に対する権利と食料主権が補いあうものと結論づけた。

## (3) ラテンアメリカ、アジア、アフリカで

食料主権がNGOのスローガンや国連人権理事会での検討という段階から、アフリカやアジア、南米の国々で憲法上の、あるいは農業法上の権利として確立されつつあるのが最近の特徴である。06年8月にアフリカのマリ共和国で食料主権が農業法の基本原理とされたのに続き、07年1月にはネパール暫定憲法に「すべての国民は食料主権を有する」と書き込まれ、08年9月には南米のエクアドルで、新自由主義と対米従属からの脱却と食料主権の確立を謳った新憲法が成立した。さらに09年1月に成立したボリビア新憲法には、次のように首尾一貫した食料主権規定が盛り込まれた。「すべての国民が水と食料に対する権利をもつ」「国家は国産の食料の生産と消費を優先し、食料主権と食品の安全を保障しなければならない」とし、食料主権実現にとって不可欠の農地改革についても「大規模な土地所有と土地の独占を禁止」し、「小規模農民に土地や水など生産資源に対する権利を与える」法律を制定しなければならないとしている。食の安全については、有毒な食品や人体への影響がまだ明確になっていない食品から消費者を守ること、遺伝子組換え作物の生産や流通を禁止するなど、踏み込んだ規定になっている。さらに外交や条約締結にあたっては、内政干渉を拒否することなどとならんで、「食料主権」を守ることを原則の一つにしなければならないとしている。[17]

08年10月にモザンビークで開かれたビア・カンペシーナ第5回国際総会で出会ったエクアドル農

民運動のリーダー、ホルヘ・ロールは「これが新憲法だ」と誇らしげに小冊子をプレゼントしてくれ、「国民各階層から提出された1250もの提案書をもとに新憲法案がつくられ、つい最近（08年9月28日）、国民投票で承認された。今度は、憲法を実現する法律をつくる番だ」と語ってくれた。ボリビアやベネズエラの代表とも会ったが、「食料主権を憲法に盛り込む動きをラテンアメリカ全体に広げていく。次はニカラグア、アルゼンチンだ」と、熱く語っていた。

ベネズエラは憲法にこそ明記していないが、食料主権の実践が独自の革命過程の一環として着実に進んでいる国である。筆者は09年11月にベネズエラを訪問し、農業省副大臣や土地改革庁総裁、住民共同体・社会保護省副大臣などから懇切な説明を聞き、農村を訪れた。

そこで見たのは、1999年に制定された憲法第307条の「大土地所有制度は、社会的利益に反する。（国は）休閑地……を農業に適したものに再整備し……農業生産を保障するため、提携型土地所有形態及び戸別所有型土地所有形態を保護し促進する」(18)という規定と、その実施法である2001年土地改革法にもとづいて200万haの農地改革が実施されていることだった。ファン・カルロス・ロヨ土地改革庁総裁は、スペイン植民地時代の大土地所有制（ラティフンディオ）の負の遺産が残存し、現在も5％の地主が75％の土地を所有していること、これがベネズエラ農業の桎梏になっていることを指摘し、自身に暗殺指令が出されていることも紹介しながら、文字どおり命がけのたたかいで農地改革が進んでいることを説明してくれた。

リチャード・カナン農業省副大臣（現在、農業大臣）は、食料自給率が90年の30％から80％に向上していること、国営加工企業や食料流通戦略会社（メルカル、ＰＤＶＡＬ、フードハウス）の買い入れを通じて生産コストを償う価格保障を行なって農民にも最低賃金を保障し、貧困者には補助金を出して市価の3～5割安で供給していると説明してくれた。また、ＷＴＯ・ＦＴＡ流の自由貿易原理に代えて、食料を含めて加盟国の相互補完と共助・共同をめざす米州ボリバル代替機構（ＡＬＢＡ）の着実な前進にも言及した。(19)

別の研究によると「99年には5人に1人の子どもが栄養失調で死亡していたが、09年の調査では人口の98％が1日3食を摂取できるようになった」という。(20)

残念ながら紙幅の制約で、ベネズエラの豊かな実践にこれ以上言及できない。関心をお持ちの方は、注18、19の文献および新藤通弘『革命のベネズエラ紀行』（新日本出版社、２００６年5月）を参照されたい。

## 5　日本農業の弱さと強さ、根本的転換の方向

### (1) 自給率向上を求める国民の世論に新たなうねり

ひるがえって、わが日本には何が求められているのか。筆者はこれまでの国際的な交流を通じて、日本農業の弱さと強さを認識させられてきた。

日本の食料自給率は世界でも最低レベルの40％にすぎないが、これは、日本の食の基盤をきわめてもろいものにしているだけでなく、世界人口に占める比率が２％である日本が、世界貿易に出回る食料の10％を買いあさることを通じて、世界の食料事情に否定的な影響を及ぼしている。筆者は２００６年10月にローマで開かれた「ＦＡＯ食料安全保障委員会特別フォーラム」で、この事実を指弾し、「日本がさらに農業をつぶして現在以上に食料を買いあさり、飢餓に苦しむ人びとの食料主権を侵害するのは不公正であり、21世紀の世界で許されるはずはない」と述べた。

日本農業の危機と「弱さ」は、同時に、反転攻勢への足掛かりになりうる。

内閣府による「食料・農業・農村の役割に関する世論調査」の最初のもの（１９８７年）と最新の08年調査を比べると、「外国産より高くても国内で生産すべき」が71％から94％に大きく伸びた反面、「安ければ輸入する方がよい」は20％から３％に激減した。同じ調査で、06年から08年のわずか３年間で「自給率を高めるべき」が79％から93％になった反面、「高める必要はない」は13％から５％になった。この20年の間にグローバル化のもとで食の不安が高まるとともに、飢餓人口が増え続けたことの反映であろう。また、この20年は私たち農民連や食健連（国民の食糧と健康を守る運動全国連絡会）の20年の歴史と重なり合う。

## （2）民主党政権のＦＴＡ戦略

世界的な食料価格危機から私たちがつかみとるべき教訓は何か――。

ＷＴＯの原理は〝世界はすでに十分な食料を生産している〟という前提に立って、効率的に生産できる国で食料をつくり、〝非効率〟な国の農業はつぶれたほうが望ましいという「自由貿易」の原理である。しかし、経済危機が飢餓をいっそう深刻にし、さらに飢餓国の農地を〝豊かな〟国が囲い込むというところまで激変した食料をめぐる国際情勢のもとで、お金さえ出せば、いくらでも食料を買える時代は終わったといわなければならない。自由貿易原理からの脱却こそが、つかみとるべき教訓である。

しかし、旧政権も、交代した民主党政権も、この教訓に学んでいる節はないといわなければならない。たとえば、菅政権が２０１０年６月18日に閣議決定した「新成長戦略――『元気な日本』復活のシナリオ」は「アジア経済戦略」を打ち出し、ＦＴＡ・ＥＰＡ戦略にもとづく農産物輸入の全面的な自由化と、日本多国籍企業の海外進出、原子力発電や新幹線など海外インフラ整備への支援を〝目玉〟にした。なかでもＦＴＡ・ＥＰＡ戦略への熱中ぶりは、自民・公明政権以上である。

その柱は①ＡＰＥＣ（アジア太平洋経済協力会議）21カ国を対象にする「アジア太平洋ＦＴＡ（自由貿易圏）」（ＦＴＡＡＰ）を結ぶことを中期目標に、②日豪、日韓、日ペルーＦＴＡの早期締結、③日中韓のＦＴＡ共同研究は２０１２年に終えて交渉に入る、④日米ＦＴＡは経済連携のあり方を検討し、⑤ＡＰＥＣ域外のインドやＥＵとの交渉も進めるというものである。これは、アフリカとラテンアメリカの大西洋側諸国を除くすべての国々を対象に自由化戦略を推し進めようとするものであり、「関税の削減・撤廃」によって「ヒト・モノ・カネの流れを倍増」することをスローガンにしている。

「新成長戦略」の閣議決定の直前、日本経団連は「アジア太平洋地域の持続的成長を目指して」という提言を公表した（6月15日）。両者はどちらがオリジナルなのか見極めがつかないほど酷似しているのであるが、民主党政権と財界の二人三脚によるＦＴＡ戦略は、日本農業の「弱さ」をさらに増幅させることにならざるをえない。

さらに、菅首相は同年10月1日の所信表明演説で、突然「環太平洋経済連携協定」（ＴＰＰ）交渉への参加を打ち出した。菅政権が強行しようとしているＴＰＰは、アメリカが「21世紀型ＦＴＡ」と自賛するとおり、１００％自由化を原則としており、すべての品目について10年以内に関税を撤廃することが求められる。この原則に従えば、日本が７７８％かけている外国産米の関税を10年間でゼロにしなければならず、後発参加国である日本が仲間入りをさせてもらうためには、ＢＳＥ発生を契機に実施している米国産牛肉に対する輸入規制の撤廃を迫られる恐れが強い。包括的経済連携に関する閣僚懇談会は、ＷＴＯ交渉以上に「高い水準の自由化と改革を行う意思を表明し、それに伴うコスト［犠牲――引用者注］を受け入れる覚悟で臨む必要」があるとまで述べている（「新成長戦略実現会議」［10年10月8日］への提出資料）。6月には、日米ＦＴＡについては「経済連携のあり方を検討する」とぼかしていたのだったが、ＴＰＰあるいは日米2国間交渉を通じて日米ＦＴＡを締結し、これを「起爆剤」「レバレッジ（テコ）」（前出資料）にして、農産物輸入の完全自由化に乗り出す意図を鮮明にしたのである。

菅首相は、農業再生とTPP推進を両立させると繰り返しているが、篠原農水副大臣は、TPP締結に伴う損失を補償するためには、年間4兆8000億円の予算が必要になるという試算を発表した（10年10月27日、衆院外務委員会での答弁。ただし試算の根拠は不明）。16兆8000億円を捻出するという掛け声で行なわれた「事業仕分け」では、わずか1兆7000億円しかひねり出すことができなかったが、財源論欠如の民主党政権に、現在の農林水産予算の約2倍にあたる4兆8000億円の予算が確保できるはずはないといわなければならない。

**表4－2　TPPの影響試算**

| | |
|---|---|
| 食料自給率（カロリーベース） | 40％ ⇒ 13％ |
| 農林水産物の生産減少額 | 4兆5000億円 |
| 農業の多面的機能の喪失額 | 3兆7000億円 |
| 就業機会の減少数 | 350万人 |
| GDP減少額 | 8兆4000億円 |
| 試算対象19品目の生産減少率 | |
| 米 | 90％ |
| 小麦 | 99％ |
| 砂糖 | 100％ |
| バター・脱脂粉乳 | 100％ |
| 牛肉 | 75％ |

資料：農林水産省「国境保護撤廃による農林水産物生産等への影響試算」（2010年11月）
注：生産減少額、就業機会の減少数、GDP減少額には、食品加工など関連産業に対する影響を含む。

その一方、前原外相は「［日本のFTA締結が停滞しているために――引用者注］GDPの割合で1.5％の第一次産業を守るため98・5％が犠牲になっている」と言い放った（「日経」10年10月20日）。こういう新自由主義志向むきだしの姿勢から容易に想像できるのは、〝手切れ金〟程度の補償はありえても、農業再生など望むべくもないということである。

アメリカを含むAPEC・EU諸国からの農林水産物輸入額は日本の総輸入額の9割を占めるが、民主党政権のFTA・EPA戦略は、この9割を対象にすることにならざるをえない。これは、WTO交渉の妥結を待つまでもなく、ほぼ全面自由化であり、農林水産省が10年11月に公表した「国境保護撤廃による農林水産物生産等への影響試算」どおりに「亡農・亡食」の日本になることは必至である（表4―2）。

## （3）日本農業の底力

私たちは、国際連帯の活動を通じて、日本農業の「強さ」をも認識することができた。

一つは、日本の産直・地産地消の運動に対する評価である。2007年2月に西アフリカ・マリ共和国で開かれた食料主権に関する国際フォーラムでは、産直、地産地消、学校給食へのローカルな食材の供給が食料主権に接近する実践のひとつと位置づけられ、「オルタナティブなマーケティング」のあり方が模索された。日本から参加した農民連や新日本婦人の会の代表が発表した野菜ボックスや学校給食に地元の農産物を使う運動が参加者の関心を集め、フォーラムの「総合報告」に次のようにまとめられた。

「生産モデルと農産物の販売方法が重要だ。生産者と消費者の連携を強め、地域の農民や漁民による環境に配慮した生産システムを支援するような『連帯型経済』に転換すること、地場産農産物を学校給食や病院、その他の公共施設で使うよう行政当局に働きかけることは重要な戦略である」。

産直や地産地消のモデルは、国際的には、アメリカの市民・農民の運動を中心にした「地域社会に支えられた農業」（CSA）という理解が一般的であった。[21] もちろん、これ自体はきわめて貴重な運

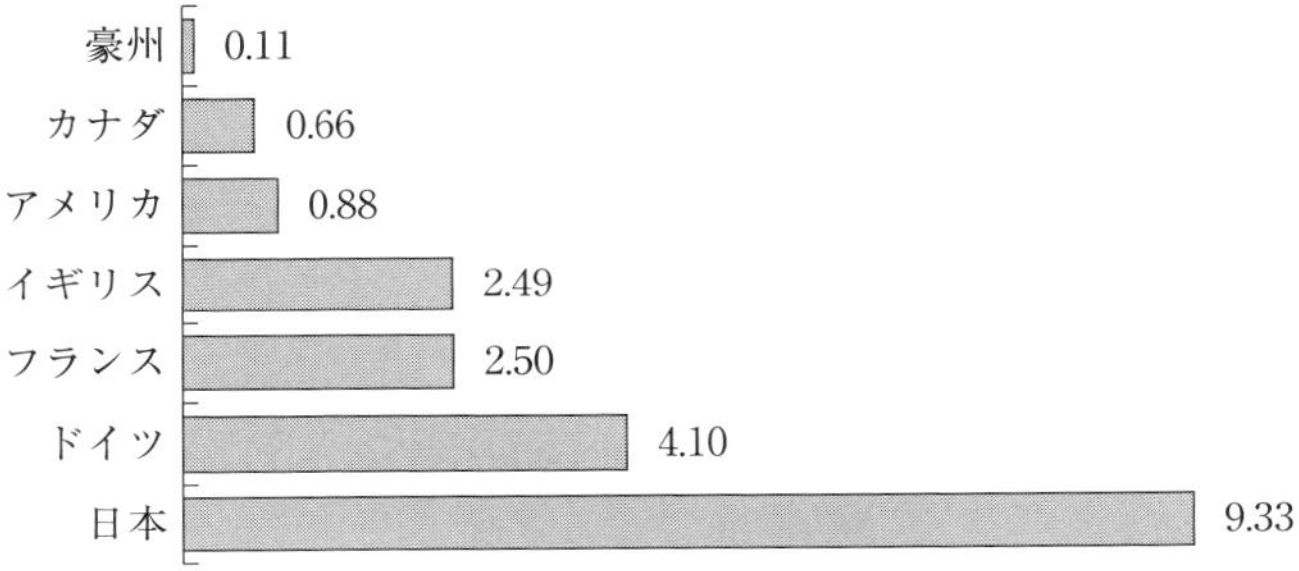


**図４－５**　農用地１haで何人養えるか？　人口扶養力の国際比較（2003年）

資料：『食料・農業・農村白書』（08年版）の「農地１アール当たりの国産供給熱量の国際比較」（2003年）を参考にして筆者が作成した。白書は草地を除いて計算しているが、草地を含む農用地１haの供給熱量を計算し、これを１人１年当たりの摂取カロリーで割って、１ha当たりの人口扶養力を導き出した。

動であるが、ＣＳＡという概念は、いわば意識の高い消費者の〝農民応援団〟の域を出ないといっていい。これが「連帯型経済」という双方向の概念になり、さらに学校給食や「農村での交流、料理教室、高齢者の食事会、産直レストランなどで、地域のイニシアチブを発揮すること」を含む多彩な運動への発展が展望されつつある。[22]

「総合報告」は、その前提として「食料主権は、生産者と消費者の距離を縮め、生産者と消費者を食料問題に関する政策決定の中心に置き……持続不可能で不公平な国際貿易を促進し、多国籍企業に権力を与える政治構造や協定を拒否する」と述べている。小農・家族経営擁護の立場に立つヨーロッパやアメリカの研究者たちは、「生産者と消費者の結びつきの回復」を多国籍企業の食料支配に対抗する「民主的な食料レジーム」の不可欠の前提として強調している。[23] 産直・地産地消という一見「ささやかな」運動には、大きな視野で再評価されるべき価値があることを指摘しておきたい。

もうひとつは、日本農業、もっといえば、アジア・モンスーン農業の底力である。アダム・スミスは、「水田は、ヨーロッパの最も肥沃な小麦畑よりもはるかに多量の食物を生産する」と書いた（『諸国民の富』）。私たちの試算でも、日本の農地1haが約10人を養うことができるのに対し、アメリカは0.9人、ヨーロッパ随一の農業国フランスで2.5人、オーストラリアにいたっては0.1人である（図4−5）。地球の面積の4分の1を占めるにすぎないアジアが、世界人口の6割以上を養っているのは、アジア・モンスーンを生かした水田の生産力である。いま求められているのは、こういう力を生かして食料自給率を抜本的に向上させる政策の実現であり、「食」と「職」の安心・安全を共通の課題とした国民の共同である。

## （4）根本的転換の政策方向

穀物は「北」の国々が輸出国であり、嗜好的・副菜的品目は「南」の国々が輸出国であるという構造が強まっているなかで、主食も副菜も輸入するという〝買い食い大国〟に成り下がった日本にとって、食料主権確立の核心は食料自給率の向上と食の安全の確保である。そのためには、歯止めなき輸入自由化にストップをかけること、生産コストを償う価格保障を実現すること、新しい農の担い手を確保し、老・壮・青のバランスのとれた労働力構造を確立することこそが重要である。求

められている転換の政策的方向を詳述する余裕はないので、ポイントだけを紹介する。(24)

①〝農産物の輸入自由化が飢餓を解決する〟という破綻したテーゼにしがみつくのをやめ、食料主権にもとづく貿易ルールをつくる必要がある。そのためにはＷＴＯ農業協定の解体的見直しが必要である。

②日本政府はＷＴＯ協定スタート後に農産物価格保障制度を解体した。その結果、１９９０年から06年の間に、農業所得（農業純生産）は６兆１０００億円から３兆２０００億円に半減した。70年代初頭には製造業労賃とほぼ肩をならべていた稲作農民の労賃は、07年には時給で１７９円と、地域最低賃金の４分の１にまで低下した。ヨーロッパでは牛乳価格が下落し、韓国でも米価下落が農民経営を直撃しているように、農産物価格の急落は世界的な傾向であり、農民の運動の焦点になっている。その結果、ＷＴＯの価格保障禁止ルールにもかかわらず、世界のおもな国々では価格保障が維持・新設されており、全廃したのは日本だけである。(25)

民主党政権はＷＴＯルールに縛られて、「生産刺激的な」価格保障政策の再生を拒絶するとともに、アメリカを含むアジア太平洋レベルのＦＴＡ締結という究極の輸入自由化に対する見返り（〝手切れ金〟）の性格をもつ「戸別所得補償」に固執している。異常な低自給率にあえぐ日本に求められているのは生産を刺激する政策であり、私たちは価格保障政策の再生を求めて運動する。

③「限界集落」と「高齢集落」が嘆かれて久しいが、人生90年時代である。機械化によって〝苦役〟から解放された農業は、高齢者に適している。若者の就農や「定年帰農」、Ｕターンなど新しい農の

担い手を確保する政策を実現して〝老壮青〟のバランスがとれた農業にすることが求められている。フランスでは、40歳未満の夫婦就農に最高７００万円余りの生活費を補助し（3年分）、農地の優先的斡旋と厳しくも温かい技術・経営指導を組み合わせて、農を継ぐ働き手を育てあげている。高齢化が進んでいる日本で、高齢者の経験と力を生かし、〝老壮青〟のバランスのとれた農業構造をつくりあげることは、日本社会の新しい発展モデルを切り開くものになるだろう。

**注**

（1）ビア・カンペシーナは価格急騰の真っ最中の08年4月24日に「世界的食料価格危機への回答：持続可能な家族農業こそが世界に食料を供給できる！」という声明を発表した。

（2）ジャン＝ピエール・ボリス『コーヒー、カカオ、コメ、綿花、コショウの暗黒物語』作品社、２００5年、55–84ページ。

（3）OECD/FAO, *Agricultural Outlook 2010-2019*, 2010.

（4）安倍淳「世界食糧危機と日本の食糧問題」『日本の科学者』２０１０年9月号。

（5）Iain Macwhirter, *The trading frenzy that sent prices soaring*, The New statesman 17, April 2008.

（6）全国農協中央会「ＷＴＯ・ＥＰＡつぼの壷」（２０１０年8月）による。

（7）吉田太郎「アグエコ講座」http://pub.ne.jp/cubaorganic/?entry_id=2395559

（8）Maria Elena Martinez-Torres and Peter Rosset, *La Via Campesina: the birth and evolution of a transnational social movement*, The Journal of Peasant Studies Vol. 37, No. 1, January 2010, p.166.

(９) Martinez and Peter Rosset, ibid.p.162.

(10) ビア・カンペシーナを含む45ＮＧＯの共同声明 "Peasants, family farmers, fisherfolk and their supporters propose People's Food Sovereignty as alternative to US/EU and G20 positions" (03年11月)

(11) ファシャド・アラーギ「現代の世界的大囲い込み」フレッド・マグドフ他編、中野一新監訳『利潤への渇望――アグリビジネスは農民・食料・環境を脅かす』大月書店、２００４年、１７６ページ、１８６−１８７ページ。

(12) Martinez and Peter Rosset, ibid.p.162.

(13) Peter Rosset, *Participatory Evaluation of La Via Campesina*, December, 2005, p.43-45.

(14) Peter Rosset, *Food Sovereignty : Global Rallying Cry of Farmer Movements*, Backgrounder, FOODFIRST Fall 2003.

(15) Jean Ziegler, Human rights questions, including alternative approaches for improving the effective enjoyment of human rights and fundamental freedoms, submitted by the Special Rapporteur of the Commission on Human Rights on the right to food, 27 August 2002.
「特別報告者制度」については、本書第５章を参照のこと。なお、筆者は本文中で「食料に対する権利」と表記しているが、「食料への権利」と同義である。

(16) The right to food, Report submitted by the Special Rapporteur on the right to food, Jean Ziegler, 9 February 2004, E/CN.4/2004/10

(17) NUEVA CONSTITUCIÓN POLÍCA DE BOLIVIA.
http://www.abi.bo/index.php?i=noticias_texto_paleta&j=20071215190116&k=#

(18)「ベネズエラ・ボリバル共和国憲法（和訳）」（ベネズエラ憲法翻訳チーム、２００７年3月、非売品）

(19) 詳しくは雑誌『農民』農民運動全国連合会、№61、２０１０年4月、を参照されたい。

(20) Sadie Beauregard, *Food Policy for People: Incorporating food sovereignty principles into State governance*, The Urban and Environmental Policy Institute, April 2009.

(21) アメリカでCSA運動を推進しているFamily Farm Defendersは「地域で食料主権を推進する20の方法」のひとつに「CSAに参加すること」をあげ、CSAが日本から始まり、アメリカに定着しつつあると注釈している。

http://www.familyfarmdefenders.org/pmwiki.php/FoodSovereignty/FoodSovereignty?action=print

(22) 食料主権国際フォーラムの「貿易政策と地域市場」分科会での司会者のまとめから。なお、同フォーラムについて、詳しくは『農民』№58、２００７年5月、を参照されたい。

(23) たとえば、ハリエット・フリードマン『フードレジーム』こぶし書房、２００６年10月、58–61ページ。また、ハロルド・ブルックフィールド／ヘレン・パーソンズ『家族農業経営：その生命力と展望』（「農政と公務労働」２００８年12月に木島伸三氏による抄訳が掲載されている）

(24) 詳しくは「農民連の要求と提言」『農民』№60、２００９年8月、を参照されたい。

(25) Research Center at Texas Tech University ,"*Crop subsidies in foreign countries: different paths to common goals*", April 2009.

http://www.aaec.ttu.edu/ceri/NewPolicy/Publications/StaffReports/CropSubsidiesInForeignCountries_2009.pdf

# 第5章　国連「食料への権利」論と国際人権レジームの可能性

## 1　はじめに

１９９５年にＷＴＯ体制が発足して以来、農業・食料をめぐるグローバル・ガバナンスは新自由主義的な自由貿易レジームによって主導されてきた。その結果、日本をはじめとする食料輸入国はもちろん、先進輸出国においても農業構造の再編と家族農業の淘汰が急速に進み、農業経済・農村社会の持続的発展とはほど遠い状況にあることが次第に露呈してきた。途上国農業開発においても、世界銀行・ＩＭＦによる経済構造調整プログラムの功罪が議論されるようになっている。こうしたなかで発生した２００７〜08年の「世界食料危機」状況と中長期的な食料需給ひっ迫見通しを受けて、国際社会は世界食料サミットなどの場で危機対応を迫られてきた。そこでは、ＷＴＯを中心とする自由貿易レジームの立直しを図る動きと、国連人権理事会「食料への権利」論に象徴される国際人権レジームの構築を模索する動きとのせめぎ合いがみられる。(1) ２００９年11月の「世界食料安全保障サミット宣言」では「進歩は見られたが、これまでの取り組みは全体としてミレニアム開発目標及び世界食料サミットの誓約の達成には不十分である。我々は、このような傾向を反転させ、そして各国の食料安全保障に照らし、適切な食料への権利の漸進的実現の達成への道を切り開くために、共同で歩みを加速しなければならない」などと謳われたが、その一方でＷＴＯ現行ルールに固執する姿勢も捨てていない。「食料への権利」とは、すべての人が物理的・経済的にいつでも適切な食料あるいはその入手手段にアクセスできることであり、政府はこの権利を実現させるために政策を立て、また事業を行なって、人びとが十分な食料を育てる、もしくは買えるように保障する義務を負うという考え方である。それはビア・カンペシーナに代表されるグローバルな小農・市民社会組織が主張する「食料主権」とも相補的である。日本国内ではＷＴＯ農業交渉や日豪・日米等のＦＴＡ・ＥＰＡの行く末が案じられ、そうした文脈で国内農業保護の是非が論じられる向きもあるが、それが一部の農産物輸出大国と多国籍企業に主導されたＷＴＯ体制下での農業保護削減・貿易自由化路線を所与とする一面的な政策論であることが、国際人権レジームとの対比によって明らかとなるだろう。

## 2　国際人権レジームの発展

１９４８年12月10日に国連総会で採択された「世界人権宣言」は、その第1条で「すべての人間は、生まれながらにして自由であり、かつ、尊厳と権利とについて平等である。人間は、理性と良心とを授けられており、互いに同胞の精神をもって行動しなければならない」とした。そして、第2条では、「すべての人は、人種、皮膚の色、性、言語、宗教、政治上その他の意見、国民的もしくは社会的出身、財産、門地その他の地位またはこれに類するいかなる事由による差別をも受けることなく、この宣言に掲げるすべての権利と自由とを享有することができる」と謳っている。戦争と差別と貧困が続く現実社会を眺めたとき、この宣言の理想の高さゆえ、それが絵空事のようにさえ聞こえるというのも寂しい。なるほど、世界人権宣言は総会決議であり勧告であって、それ自体は条約のような法的拘束力をもたない。しかし実際には、宣言内容を条約化した「経済的、社会的及び文化的権利に関する国際規約（社会権規約）」（１９６６年採択、76年発効、２０１０年8月現在で１６０か国が批准）と、「市民的及び政治的権利に関する国際規約（自由権規約）」（１９６６年採択、76年発効、同上１６６か国が批准）をはじめ、「女性に対するあらゆる形態の差別の撤廃に関する条約」（１９７９年採択、81年発効、同上１８６か国が批准）、「子どもの権利に関する条約」（１９８９年採択、90年発効、同上１９３か国が批准）などの主要人権条約の基礎とされ、国連機関の活動方針や加盟国・地域の法制度にも反映されてきたことから、現在では条約と並ぶ重要な法源である慣習国際法として成熟したとする国際法理論上の見解も広くみられる。(2) また、国連加盟国に「人権及び基本的自由の普遍的な尊重及び遵守」の促進を義務づけた「国際連合憲章」の存在も忘れてはならない。１９９３年の世界人権会議で採択された「ウィーン宣言及び行動計画」は次のように謳っている。

宣言・第１段落　世界人権会議は、国際連合憲章、その他人権に関わる文書及び国際法に従って、すべての者のためのすべての人権及び基本的自由の普遍的尊重、遵守、及び保護を促進する義務を履行すべきすべての国の厳粛な責務をあらためて確認する。これらの権利及び自由が普遍的な性格を有することは疑問の余地がない。この枠組みにおいて、人権分野における国際協力の強化が、国際連合の目的を完全に達成するために不可欠である。人権及び基本的自由は、すべての人間が生まれながらに有する権利である。それらの伸長及び保護は、政府の第一義的義務である。

こうした国際法体系を本章では「国際人権レジーム」と呼んでいる。ここで用いるレジームとは、特定の問題領域において国家および非国家的主体の行動を制約する原則・規範・ルール・意思決定手続き等の体系を指す国際政治経済学の概念である。(3)「ウィーン宣言及び行動計画」で確認されたように、人権保護義務は本来、より普遍的な適用性（国際法上の優先的考慮）を有するが、一方で気候変動条約や生物多様性条約をはじめとする環境レジームと部分的に重複しながら、他方では覇権的国家が主導する安全保障レジームや多国籍企業の利害を反映する自由貿易レジームと齟齬をきたしながら併存し、往々にして副次的な扱いを受けてきた。国際人権法の体系化とその実現をめざす具体的制度化の流れを国際レジームのひとつとして捉えたのはそのためである。

１９４８年の「世界人権宣言」や、１９９３年の「ウィーン宣言」で「すべての人権」と謳われ、後者では「すべての人権は、普遍的、不可分、相互に依存し、関連している」（第５節）ことが強調されているが、実際には２つの国際規約に分けられたように、長い間、自由権的権利は国家権力の行使の抑制を求める権利であるため即時に執行可能であり、司法判断適性を有するのに対して、社会権的権利は財政負担を含む国家の積極的な施策を求める権利であるため漸進的実施したがって努力義務とするのがふさわしく、司法判断適性に欠けるとする考え方が支配的であって、社会権的権利の実現に国際社会の関心が十分に向けられてこなかった経緯がある。[4] 東西冷戦対立の影響で、市民的・政治的な自由を重視して東側諸国を牽制する西側諸国の思惑も絡んでいた。それでも１９９０年代以降は社会経済的な公正と発展を重視する南側諸国との対立要素を引き続き含みつつも、また市場メカニズムと慈善事業で十分だとする新自由主義的な考え方も根強いながらも、経済的・社会的・文化的権利の重要性に共通理解が広がってきた。[5] その背景に、国連システム改革を契機に「人権の主流化」と呼ばれる動きが強まったことも影響している。コフィ・アナン前国連事務総長は１９９７年７月の「国連の再生――改革のためのプログラム」や２００５年３月の「より大きな自由を求めて――すべての人のための開発、安全保障及び人権」の中で、国連機関が人権に強く関与することの重要性を指摘し、すべての関係機関が人権を各々の責務に応じて自己の活動や事業の中で主流化するように呼びかけた。[6] この場合、すべての人権の「不可分性」したがって経済的・社会的・文化的権利の重視が念頭におかれていることは、国連システム全体を通じた「人権の主流化」の端緒が１９８６年12月の国連総会決議「発展への権利に関する宣言」(A/RES/41/128) によって開かれたという事情からも明らかである。こうした人権を重視した国連改革の動きが、本章が取り上げる「食料への権利」の具体化作業の進展にも大きな影響を及ぼしたことは疑いない。なかでも重要な役割を果たしてきたのが、国連人権機構 (U.N. Human Rights Bodies) である。

国連システムは迷宮のように複雑で、それをすぐに理解するのは容易ではない。大枠は国連総会、安全保障理事会、経済社会理事会、信託統治理事会、国際司法裁判所、事務局という6つの主要機関から成っており、国連開発計画（ＵＮＤＰ）や国連児童基金（ＵＮＩＣＥＦ）、国連環境計画（ＵＮＥＰ）、国連貿易開発会議（ＵＮＣＴＡＤ）等の計画基金機関は国連総会の補助機関に位置づけられる。他方、国際労働機関（ＩＬＯ）や国連食糧農業機関（ＦＡＯ）、世界保健機関（ＷＨＯ）、国連教育科学文化機関（ＵＮＥＳＣＯ）等の専門機関や各種機能委員会、地域委員会は経済社会理事会の補助機関である。[7] そうした巨大な国連システムの中で「国連人権機構」と呼ばれるのが、国連総会の補助機関である国連人権理事会（ＵＮＨＲＣ）、そのもとで活動する専門家諮問機関や特別報告者、国連事務局の一部である人権高等弁務官事務所（ＯＨＣＨＲ）、そして主要人権条約の事務局委員会である。[8]

第一に、国連人権理事会はもともと人権委員会と呼ばれ、経済社会理事会に附属する機能委員会のひとつであったが、2006年に国連総会に直結する常設理事会に格上げされた。扱う問題がセンシティブであるため政治的利害対立は避けられないものの、国連の全加盟国で構成される総会で理事国（47か国、任期3年）を選出し、報告書の提出を含め総会に対して説明責任を果たすことが求められるなど、その地位は格段に強化された。年3回以上の会期、計10週以上の開催期間も、年1回6週間だけだった人権委員会と比べて機能強化された証である。その意味で、人権理事会の設置は国連の「人権の主流化」に向けた強い意志の表れである。[9]

第二に、理事国の政府代表者によって構成される人権理事会に対して、独立専門家として任命された委員で構成されるシンクタンク的な機関が、人権委員会当時の人権促進保護小委員会（26名）であり、人権理事会移行後の専門家諮問委員会（18名）である。人権基準の作成やテーマ別調査研究活動に携わるなど、人権理事会の活動に実質的な貢献をしてきた。

第三に、人権条約委員会のひとつに社会権規約委員会（CESCR）がある。経済社会理事会決議を受けて1987年に設置され、18名の専門家が個人資格で委員を務めている。社会権規約委員会の主要な任務は、締約国が定期的に提出する「社会権に関する報告書」を審査・評価すること、そして規約上の諸権利や締約国の義務について具体的内容や条文解釈に関する見解を提示して権利の実現を促進することである。後者は「一般的意見」と呼ばれ、法的拘束力はないものの、締約国にとって重要な参照点とされている。[10] 前者について特筆すべきは、1993年以降、市民社会組織からの「代替報告書」を受け入れるようになったことである。国家が義務履行者である以上、第三者による客観的・批判的な見地からの報告は欠かせない。さらに、長年の懸案であった、社会権的権利を侵害された個人・集団からの通報制度とそれに基づく調査制度を定めた選択議定書が２００８年12月の総会でようやく採択された。[11] これらの手続きによって、社会権規約委員会の機能が飛躍的に向上すると期待されているが、社会的・経済的・文化的権利の司法判断や域外適用に否定的な一部加盟国による非協力的態度も指摘されている。

第四に、１９９３年の「ウィーン宣言及び行動計画」の勧告に基づき、同年12月の国連総会決議によって創設された国連人権高等弁務官のポストがある。国連事務次長の地位を有しており、これも国連における「人権の主流化」の一環といえる。同弁務官を長とする人権高等弁務官事務所は国連事務局の人権担当部門として、人権理事会の事務局、専門家諮問機関や各種作業部会の事務局、そして特別報告者の支援業務を担当している。

第五に、人権理事会の権限で行なう特別手続きのひとつに特別報告者制度がある。テーマ別・国別に特別報告者が任命され、対象となっている人権問題について調査し、人権理事会と国連総会に報告を行なうことになっている。現在、31テーマ、８か国に対して特別報告者制度が適用されている。このうち「食料への権利」特別報告者は２０００年４月の人権委員会決議を経て任命された。２０００年９月〜08年４月をジャン・ジグレール（Jean Ziegler）氏が務め、２００８年５月からオリビエ・デシュッター（Olivier De Schutter）氏が引き継いでいる。[12] また、２００５年にはジョン・ラギー氏（John Ruggie）が「人権と多国籍企業及びその他の企業」特別報告者に任命されている。

## 3　基本的人権としての「食料への権利」

### (1)「食料への権利」の具体化

基本的人権のひとつとして食料をとらえる考え方は、こうした国際人権レジームの重要な構成部分として具体化されてきた。(13)

「社会権規約」第11条は次のように規定している。

第１項　この規約の締約国は、自己及びその家族のための相当な食糧、衣類及び住居を内容とする相当な生活水準についての並びに生活条件の不断の改善についてのすべての者の権利を認める。締約国は、この権利の実現を確保するために適当な措置をとり、このためには、自由な合意に基づく国際協力が極めて重要であることを認める。

第２項　この規約の締約国は、すべての者が飢餓から免れる基本的な権利を有することを認め、個々に及び国際協力を通じて、次の目的のため、具体的な計画その他の必要な措置をとる。

(a) 技術的及び科学的知識を十分に利用することにより、栄養に関する原則についての知識を普及させることにより並びに天然資源の最も効果的な開発及び利用を達成するように農地制度を発展させ又は改革することにより、食糧の生産、保存及び分配の方法を改善すること。

（b）食糧の輸入国及び輸出国の双方の問題に考慮を払い、需要（needs）との関連において世界の食糧の供給の衡平な分配を確保すること。

こうした考え方は、前述の「女性差別撤廃条約」（第12条）や「子どもの権利条約」（第24・27条）以外にも、「障害者の権利条約」（2006年採択、08年発効、第25・28条）等の国際人権条約、「米州人権条約へのサンサルバドル議定書」（1988年、第12条）、「イスラムにおける人権に関するカイロ宣言」（1990年、第17条）、「欧州連合基本権憲章」（2000年、第34条）、「人及び人民の権利に関するアフリカ憲章への女性の権利議定書」（2003年、第15条）等の地域条約にも反映している。さらに、ブラジル、インド、南アフリカ、エクアドル、ボリビアなど約20か国が憲法で、インドネシア、ウガンダ、グアテマラ、マリ、ベネズエラ、モザンビーク、ホンジュラスなどが農業法等の国内法で「食料への権利」を謳っている。

その間、基本的人権としての「食料への権利」の具体化と実施に向けた作業も続けられてきた。とくに1996年の世界食料サミット「世界食料安全保障に関するローマ宣言」および「行動計画」は、その後の「食料への権利」概念の発展・深化に向けて重要な契機となった。同「宣言」は第1段落で「すべての人は安全で栄養のある食料を必要なだけ手に入れる権利を有すること、またすべての人は飢餓から解放される基本的権利を有すること」を再確認し、「行動計画」のひとつとして「食料への権利」の具体化作業を国連人権高等弁務官や関連条約事務局等に指示した（誓約7・目的7.4）。

これを受けて、第一に、国連人権高等弁務官事務所は１９９７年、98年、01年の3回にわたって専門家協議を実施し、「食料への権利」の国際法上の根拠を確認するとともに、その権利の実現に義務を負う主体（第一義的には国家）とその規範的内容にまで議論が掘り下げられた。第二に、社会権規約委員会が１９９９年に提示した「一般的意見12号」によって、「食料への権利」の規範的内容が具体的に提示された。第三に、市民社会組織でも活発な動きがみられた。それを代表するのが、ドイツのハイデルベルグに事務局をおく国際組織ＦＩＡＮ（食料第一・情報と行動ネットワーク）が中心となって１９９７年に策定した「適切な食料への権利に関する国際行動規範草案」であって、「食料への権利」に関する規範的内容、国内的および国際的な次元での国家の義務、国際機関や市民社会組織の責務、多国籍企業等の行動規制などが提案された。こうして相互に影響を与えながら進められたこれら3つの具体化作業を通じて、各国が遵守すべき法的責務と具体的に講じるべき政策枠組みの考え方が国際社会に提示されたのである。[14]

その後も、国際社会は事あるごとに食料問題が未解決であること、飢餓と貧困の撲滅が喫緊の課題であることを確認してきた。２０００年のミレニアム・サミットでは「我々は民主主義を推進し、法の支配並びに発展の権利を含む、国際的に認められた全ての人権及び基本的自由の尊重を強化するため、いかなる努力も惜しまない」（第24段落）と謳った「ミレニアム宣言」が採択された。１９９０年代を通じて掲げられてきた各種「国際開発目標」と同「宣言」を一つの共通枠組みに統合した「ミレニアム開発目標」は、「極度の貧困と飢餓の撲滅」を第1目標に掲げている。

２００８年の世界食料サミット「世界の食料安全保障に関するハイレベル会合宣言」は次のような文言で始まっている。

第１段落　我々は、「世界の食料安全保障に関するローマ宣言」及び「世界食料サミット行動計画」を採択した、１９９６年の世界食料サミットの結論、及び世界食料サミット５年後会合にて確認された、２０１５年までに栄養不足人口を半減させることを喫緊の目標としつつ、すべての国において実施中の飢餓撲滅努力を通じてあまねく食料安全保障を達成するという目的、さらにミレニアム開発目標（ＭＤＧｓ）を達成するという公約を再確認する。我々は、食料が政治的・経済的圧力の手段として使われるべきでないことを改めて表明する。我々はまた、「国家食料安全保障の文脈において十分な食料への権利の漸進的な実現を支持するための自主的ガイドライン」を想起する。（以下省略）

ここで言及されている「十分な食料に対する権利の漸進的実現のための自主的ガイドライン」(15)は、２００２年の世界食料サミット５年後会合でＦＡＯ国際作業部会に「食料への権利」実現に向けたガイドラインの策定が指示され、２００４年のＦＡＯ理事会で１８７か国の賛成をもって採択されたもので、加盟国が講じるべき具体的政策措置が詳細に示されている。サミット準備過程でアメリカ等の反対により法的拘束力のない自主的ガイドラインにとどまった経緯がある。(16)アメリカ政府は「人権としての食料」という考え方に否定的で、ある程度の拘束力をもつ「行動規範」とすることに頑に抵抗した。自主的ガイドラインというのは妥協の産物である。それ自体は国際法の法源とはならないが、それでも内容的には国家行動規範であり、中長期的には慣習国際法として定着する可能性があるというのが、国際法専門家の見立てである。[17] つまり、「食料への権利」はたんなる抽象的理念にとどまるものではなく、各国・国際機関が法的義務を負って実行に移すべき戦略的な重要課題であることが確認されてきたという点が、ここでは重要である。

## (2)「食料への権利」の法規範的内容

社会権規約委員会「一般的意見12号」を参照しながら、あらためて「食料への権利」の法規範的内容を確認しておきたい。

それによると「十分な食料への権利」は「人間の固有の尊厳と不可分のつながりをもち、国際人権章典に掲げられた他の人権の実現にとって不可欠」であり、「貧困の根絶とすべての者のためのすべての人権の実現に向けて、国内的及び国際的レベルの双方で適切な経済的、環境的及び社会的政策をとることを要求し、社会正義とも切り離せないものである」と位置づけられ（第4段落）、その内容は次のように整理される。

第6段落　十分な食料に対する権利は、すべての男性、女性そして子どもが、一人で又は他の人と共に、十分な食料又はその調達のための手段への物理的及び経済的アクセスを常に有するときに実現される。従って、十分な食料に対する権利は、これをカロリー、蛋白質及びその他の特定の栄養素の最低限をひとまとめにしたものと同一視する、狭いないし制限的な意味で解釈さ

れるべきではない。（以下省略）

注目すべきは、この権利に関して国家が負う義務内容が明示された点である。権利とは元来、権利主体と義務主体との規範的関係を含意する概念であり、社会権的権利が「権利」である以上、権利主体である諸個人が権利の対象を享受できるようにするために、義務主体すなわち国家に相関的義務が生じるのは当然である。[18]前述したように、自由権規約との対比で、社会権規約の実施における国家の義務や権利侵害に対する司法的救済措置の是非をめぐって見解が分かれてきた経緯があるが、それゆえ国家の多面的義務枠組みを明示した１９９０年の「一般的意見3号」は大きな前進であった。「12号」の国家の義務はこれを「食料への権利」に即して敷衍したものである。すなわち第一に、十分な食料へのアクセスを妨げるいかなる措置もとらないことを要求する「尊重（respect）の義務」。第二に、第三者（企業や他の個人）が十分な食料に対する個人のアクセスを奪わないことを確保する措置を要求する「保護（protect）の義務」。第三に、十分な食料に対する人びとのアクセスとその利用を強化するために国家が積極的に行動する（「促進（facilitate）」）とともに、個人や集団が自らの力を超える理由によって十分な食料への権利を享受できない場合に国家が直接に権利を「供与（provide）」するという「充足（fulfil）の義務」を、国家は負っている（第15段落）。

とはいえ、そのために必要な資源と能力は締約国によって差があるし、したがって権利を実施する適切な方法と手段は締約国によって相当に異なるであろう。それゆえ、国家の義務違反となる作為ないし不作為は、それが遵守能力の欠如（inability）によるのか遵守意思の欠如（unwillingness）によるのかで区別して判断される。それでも、社会権規約は各締約国に対し、すべての人が飢餓から解放され、できる限り速やかに十分な食料に対する権利を享受できることを確保するために、必要なあらゆる国内的措置をとることを要求している。それにかかわって、第25段落では「国内戦略は、生産、加工、配給、販売、安全な食料の消費、また、保健、教育、雇用及び社会保障の分野での並行的な措置を含め、食料制度のあらゆる側面に関する重要な事項や措置についてとり上げるべきである。全国的、地域的、及び家計のレベルにおける最も持続可能な管理及び天然その他の資源の利用を確保するよう、注意が払われるべきである」とする。

また、たとえば「食料に対する他人の権利を侵害することを防止するため、個人又は集団の行動を規制しない」とか「他の国家又は国際機関と協定を結ぶにあたり、食料に対する権利に関する国際的な法的義務を考慮に入れない」といった不作為が、国家の義務違反とされている（第19段落）。これは、多国籍企業の食料支配に対する態度、あるいはWTO農業交渉での姿勢や世界銀行・IMFの開発援助政策への関与が「人権としての食料」という視点から見直されなければならないことを意味する。これに関連して、次のように明記されている。

第36段落　締約国は、国際協力の不可欠の役割を認め、十分な食料に対する権利の完全な実現を達成するために共同又は個別の行動をとる約束を遵守すべきである。この約束の実施にあたっては、締約国は、他国における食料に対する権利の享受を尊重するため、この権利を保護するため、食料へのアクセスを容易にするため、また、要求される場合には必要な援助を提供するため、措置をとるべきである。締約国は、国際協定において関連性をもつときにはいつでも、十分な食料に対する権利に正当な注意が払われることを確保し、また、このためにさらに国際的な法文書を発展させることを検討すべきである。

また、国際金融機関とくに世界銀行とＩＭＦが「その貸与政策及び信用協定、並びに債務危機に対処するための国際的措置において、食料に対する権利の保護により大きな注意を払うべきである」とも述べられている（第41段落）。「一般的意見12号」ではこのように「食料への権利」の国際的次元での実現とそのための義務がやや抽象的ながらも明示されており、グローバル資本主義下の農業・食料問題を考えるうえで重要な示唆を含んでいる。ただし、国家的義務の域外適用可能性や非国家的主体（国際機関、多国籍企業）の義務の法的解釈と具体的な実施方策については今日に至るまで議論が続いている。

## (3)「食料への権利」と「食料安全保障」

ところで、わが国で食料問題を考え、国内農業保護の必要性を論じるとき、私たちは無意識に「食料安全保障」という概念を使っている。１９９６年の世界食料サミット「行動計画」では「食料への権利の発効と完全かつ漸進的な実現」が「食料安全保障を達成する手段」として位置づけられていたし、２００８年の「ハイレベル会合宣言」でも「食料安全保障の達成」が「目的」とされ、２００４年の「自主的ガイドライン」は正式名称に「国家食料安全保障の文脈において」という文言が含まれていた。本書全体の中心テーマである「食料主権」との関係も気になるが、これについてはひとまず、「食料への権利」が国連機関や国際法専門家を中心に議論されている法的概念であり、小農・市民社会組織を中心に議論されている運動論的概念としての「食料主権」とほぼ同一概念であるとしておく。

ここでは「食料安全保障」と「食料への権利」との相違について、若干の説明を加えておきたい。食料安全保障というのは多義的であり、使用する文脈や使用者の意図によって意味が正反対になる場合もある。市場原理主義的立場からは、自由貿易の推進こそが食料安全保障の要とされる。世界中で問題視されている「農地収奪」も食料安全保障の確保には欠かせない、という論法も成り立つ。国際社会で食料安全保障という用語が使われるようになったのは、１９７０年代初頭の世界食料危機と、それを受けて１９７４年に開催された世界食料会議の頃である。それは「増大する食料需要を支え、不安定な食料の生産と価格に対処するために、基礎的食料の世界的供給をつねに安定的に確保すること」と定義されていた。つまり、食料の安定供給とそれを保障する生産の拡大と市場の安定をいかに確保するかが最大の焦点とされていた。その後、１９８０年代に提示されたアマルティア・センのケイパビリティ・アプローチ[19]の影響や栄養学分野を中心とする「世帯レベルの食料安全保障」研究の進展もあって、問題の所在が「国家ないし国際的な次元での基礎的食料の十分な量の入手可能性」ではなく、むしろ「世帯ないし個人の次元での適切な（安全で栄養のある）食料へのアクセス」にあるとの共通理解が広がってきた。[20]その限りで「食料への権利」概念に接近してきたともいえるが、以下の点で決定的な相違がある。

第一に、食料安全保障アプローチは政治経済的（国民経済的）な視点に立っているが、人権アプローチは食料へのアクセスと利用をすべての人に内在する無条件の尊厳的権利とみなしている。したがって第二に、食料安全保障はそれ自体が政策課題として論じられ、それゆえ国内外の政治経済動向によって容易に影響を受けるが、「食料への権利」は条約や慣習国際法でも承認されており、その実現は法規範的な拘束性（義務、説明責任）をともなっているため、より厳密で普遍的である。第三に、食料安全保障にも概念的拡張がみられ、グローバルからリージョナル、ナショナル、ローカル、そして世帯や個人にまで適用範囲が広がっているが、それゆえ異なる次元間での競合が避けられない。これに対し、「食料への権利」概念が「子どもの権利条約」や「女性差別撤廃条約」にも取り入れられているように、人権アプローチは権利保持者である個人とその主体形成に焦点が当てられている。この違いは重要である。たとえば、国や地域、場合によっては世帯レベルで食料安全保障が確保されても、個人レベルで権利が実現しないことは十分にありうるからだ。人権アプローチはボトムアップでなければならないのである。

以上のことを考えると、「食料への権利」を「食料安全保障を達成する手段」ととらえた世界食料サミット等の宣言文の表現は不適切と言わざるをえない。それは国家間の政治的交渉過程における妥協の産物であり、より普遍的で本源的な法規範的な権利と義務の問題をその時々の政策論へと矮小化するものでしかない。逆に、権利アプローチを採用し、食料安全保障問題を国際人権レジームの枠組みの中に位置づけるならば、食料安全保障を確保するための政策論を、国内農業・地域農業を守り、安全で安心な食料を消費者に届ける食料主権運動とかみ合わせることは十分に可能である。

## ４　おもな論点と「食料への権利」アプローチ

いわゆる「世界食料危機」の渦中に「食料への権利」特別報告者に任命されて以降、旺盛な活動を続けているオリビエ・デシュッター氏は、世界食料危機の悪化が「食料への権利」実現に否定的影響を及ぼしている事態に警鐘を鳴らした２００８年５月の人権理事会決議（A/HRC/S-7/1）を受け、同年９月に提出した人権理事会報告書（A/HRC/9/23）の中で、２００８年前半に相次いで表明された各国・国際機関の対応に人権アプローチが反映されていない現状を痛烈に批判した。[21]とくに、未曾有の農産物価格高騰やその要因のひとつとされるバイオ燃料増産という「新しい状況」下で国内的・国際的な責務を果たすべき国家戦略のベースに「食料への権利」がおかれるべきことが強調された。２００８年10月の国連総会への報告書（A/63/278）では、各国政府による義務の履行を妨げない国際環境の構築が必要であることを強調し、国家の権限行使が他国の義務履行を妨げ、あるいは他国人民の権利を侵害してはならないだけでなく（消極的義務）、より積極的に他国人民の権利を尊重・保護・実現するための方策を講じるべきであること（積極的義務）を確認した。そして、「食料への権利」との整合性についてさらに検討すべき国際問題領域として、①食料援助のあり方、②農産物貿易自由化のあり方、③食料システムにおける知的所有権のあり方、[22]④多国籍アグリビジネスの事業活動が及ぼす影響[23]に言及した。

本節では、これらの論点を取り上げながら、「食料への権利」アプローチの具体的な内容と構想を明らかにしたい。

## (1) 自由貿易レジームとWTO農業交渉

デシュッター氏は2009年3月の人権理事会への報告書(A/HRC/10/5/Add.2)で、WTO農業交渉へのかなり踏み込んだ批判を試みている。同報告書は、現行の農業貿易自由化路線が、各国が国際法で規定された「食料への権利」を遵守する義務と整合的か否かを検証することを目的としており、氏が要約版の表題につけ、記者会見でも語ったように、その要点は「ドーハラウンドが妥結しても食料に関する構造的問題は解決されず、食料危機は再び起こるだろう」という言葉に集約されている。氏の議論は次のように展開する。

先進国の国内農業保護や輸入障壁が多くの途上国に不利に働いているのは事実だが、WTO農業合意が求めるように、単にそれらを是正すれば問題が解決するというわけではない。先進国と途上国の生産性格差をふまえれば、「農業合意に従って農政改革を進めても、途上国の生産者が先進国の生産者と同じ条件で競争できるようにはならない」のは明らかであり、むしろ「食料への権利」に対する深刻な脅威・侵害となる。「食料への権利」アプローチにもとづくならば、第一に、各国の農業政策・貿易政策は同権利の実現のための国家戦略として措定し直す必要がある。第二に、多国間貿易システムは各国が同権利実現のために負っている国際法上の義務に反するような政策の実施を強要するものであってはならず、そのためにも各国に十分な政策余地を与えるものでなければならない。第三に、もっとも脆弱で不安定な社会階層・社会集団が支援対象となり、「食料への権利」が保障されるような政策措置を具体的に講じる必要がある。そして第四に、食料の安全性や栄養・健康的側面、文化的妥当性、持続可能性といった、ほかの一般商品と区別される固有の価値もまた、すべての人に保障されるべき基本的権利であり、そうした非経済的価値への影響如何も貿易交渉に十全に反映される必要がある。

このような観点からすると、現在のＷＴＯ自由貿易レジームは次のような問題を孕んでいる。第一に、国際貿易への依存度を高めることで確保される食料安全保障はさまざまな脆弱性をもたらすことになる。第二に、「食料への権利」実現に必要な国家の権限をいっそう弱める一方で、国際農産物貿易で影響力を行使する多国籍企業の市場寡占度をいっそう高め、農業セクターの分極化（多数を占める中小零細農家の排除）を強めることにもつながる。第三に、国際貿易への依存はさらに、食料供給連鎖の長距離化や非持続的生産体制を誘発し、環境や健康に悪影響を及ぼすことにつながる。このように、ＷＴＯ農業合意にもとづく自由貿易レジームと「食料への権利」を支持する国際人権レジームとの乖離が著しいが、前者には強権的な執行権限（報復措置の許容など）を与えられているため、国内法で後者を尊重しても、その国際法上の扱いが不確定な現状では、各国は前者を優先的に考えざるをえなくなる。したがって、前者に修正を加えないかぎり、両者のバランス（両立）を図ることはできない、というのがデシュッター氏の結論である。

日本農業新聞等でも「食料への権利」報告にかかわって、「WTO合意拒否を」「WTO至上主義脱却を」といったセンセーショナルな見出しが躍った。現在の国際政治経済力学に照らせば、非現実的であまりに挑戦的な主張にさえ聞こえるが、WTO体制下の農業保護削減・貿易自由化路線が機能不全を起こしていることは誰の目にも明らかである。そもそも、国際人権レジームの観点から経済グローバル化と貿易自由化が批判的に検討されたのは、デシュッター氏が最初ではないし、ジグレール氏を含め、「食料への権利」特別報告者に固有の仕事でもない。

たとえば、社会権規約委員会は1998年5月に発表した「グローバル化と経済的、社会的及び文化的権利」と題する声明の中で、各国政府、UNDPやUNCTAD等の国連機関、世界銀行、IMFやWTO等の国際経済組織、そして国連人権高等弁務官に対して、実効的なモニタリングを含む社会権保障の確保を要請した。これと連動するように、人権促進保護小委員会も1998年8月の決議で「国際及び地域の貿易・投資・金融に関する政策、協定、慣行に人権規範の優位性を反映させるための方法・手段、ならびに国連人権機構が果たしうる中心的役割について作業報告書を提出すること」を2人の専門家に命じた。その報告を受けた人権委員会は、1999年4月の決議(E/CN.4/RES/1999/59)で、人権促進保護小委員会にさらなる調査研究に取り組むよう要請した。他方、国連人権高等弁務官からは、「知的所有権に関する協定」(01年)、「WTO農業合意と農産物貿易自由化」(02年)、「サービス貿易の自由化」(02年)、「投資自由化と民営化」(03年)に関する一連の報告書が提出された。[24] 人権高等弁務官はその中で「経済的・社会的・文化的権利の本源的性格をふまえれば、人権の保護促進は貿易自由化の例外ではなく目的として据えられなければならない」と指摘している。また、2003年9月のWTOカンクン閣僚会議には「人権と貿易」と題する報告書を提出し、各国政府関係者向けに貿易に関連する国際人権レジームの考え方を具体的に示した。[25] 2005年に発表した報告書「人権と世界貿易協定」では、GATT第20条やGATS(サービスの貿易に関する一般協定)第14条に規定されている「一般的例外規定」、とくに「公衆道徳の保護のために必要な措置」や「人、動物又は植物の生命又は健康の保護のために必要な措置」を人権の保護・促進のために適用する可能性を検討している。[26]

以上のような国連人権機構をあげての検討作業を通じて、国際人権規範の普遍的適用性が明らかにされ、いかなる貿易・投資・金融の制度や政策も人権の尊重に優先されえないことが確認されてきた。特別報告者の見解は、国際法上の然るべき手続きをふまえて取り組まれてきた専門的・集団的な労作の成果に依拠しているのである。もちろん、国際人権レジームは経済グローバル化を否定しているわけではなく、むしろ経済的・社会的・文化的権利の実現に貢献すべきものと考えている。だが、そのためにはWTO協定の改定も視野に入れながら、多角的貿易交渉や紛争解決手続きのあり方、それらに臨む各国政府の態度を根本的に見直す必要がある。[27] そもそもGATT・WTOは、生活水準の向上、完全雇用の実現、実質所得の向上、環境の保護など、総じて人権保護の促進のための基礎的条件の実現を目的としており、貿易自由化と無差別待遇の実現はそれらの手段と位置づけられていることを想起すべきである。

## (2) 食料援助と国際開発協力

2009年1月末の「食料安全保障に関するハイレベル会合」へのコメントで、デシュッター氏はパン・ギムン国連事務総長の結語に「食料への権利」アプローチの重要性が反映されたこと、具体的には「危機時における食料緊急支援」と「食料増産のための農業開発投資」という従来の2つの路線に第三の路線(third track)として「食料への権利」が加えられたことを評価した。[28] 同時に、彼は同年4月の「グローバル食料危機と食料への権利に関するインフォーマル会合」で行なった基調講演で、「食料への権利への言及は、飢餓と栄養不足に効果的に立ち向かうためには食料の増産や援助の増額だけでは不十分であるということを意味している」と指摘するとともに、「食料への権利」を単なるグッド・ガバナンスに矮小化したり、従来の2つの路線と並列的に扱ったりしてはならないと強調した。[29] 食料緊急支援も食料増産も、対象とする受益者の基本的人権としての「食料への権利」とその実現に対する国家・国際社会の法的義務の遵守を土台に据えてはじめて十全に追求することができるからである。

食料援助に関連する国際法に、「食料援助規約」(1967年採択、99年改定)と「援助効果に関するパリ宣言」(2005年)がある。後者は122か国の政府、27の国際機関・地域開発銀行、世界銀行、ＯＥＣＤ、非政府組織の承認によって採択されたもので、援助国中心の考え方（donor-driven）から受益者中心の考え方（needs-driven）へと援助戦略を転換する必要性が謳われている。こうした到達点をふまえ、デシュッター氏は２００９年３月の人権理事会への報告（A/HRC/10/5）の中で、「食料への権利」アプローチにもとづく国際開発協力および食料援助のあり方を次のように整理した。

第一に、援助国の商業的・戦略的な利害から切り離し、「食料への権利」実現の手段として位置づける必要がある。第二に、従来の援助国と被援助国という二国間関係から、最終的な受益者（被援助者）が積極的役割を果たすような三者関係に転換する必要がある。第三に、援助国と被援助国の政府が「義務履行者」、最終的受益者が「権利保持者」であることを前提にした政策の立案・執行・評価をする必要がある。そして第四に、緊急食料援助の必要性と被援助国における地域食料市場の確立や食料安全保障の促進の必要性とのバランスに鑑み、資金供与を通じた援助食料の域内調達に心がけ、援助依存を回避するための明確な出口戦略を講じることが必要である。(30)

他方、国際開発協力については、２００５年12月の国連総会決議（A/RES/60/165）で、世界銀行とＩＭＦの責務が初めて明記された。そこでは「世界銀行とＩＭＦを含むすべての関係国際機関が、食料への権利に肯定的な影響を及ぼす政策と事業を促進し、共同事業者が事業遂行において食料への権利を尊重することを確保し、加盟国が食料への権利の達成に向けて講じる戦略を支持し、そして食料への権利の実現に否定的影響を及ぼすいかなる行動も回避するよう要請する」と書かれている。先に、人権の尊重、保護、促進という国家の義務にふれたが、それにも類似した責務がここに明瞭に述べられている。だが、これら国際経済機関にも国家と同様に国際法人格が与えられているとはいえ、国家とは違って条約等の締結資格は与えられておらず、その目的や活動も各々の定款に規定されているため、国際機関に人権条約上の法的な遵守義務があるかどうかについては専門家の間でも見解が分かれてきた。しかしながら、経済グローバル化が進むなかで国際経済機関や多国籍企業の影響力が国家の規制能力を凌駕するまでに高まり、あるいはむしろ国家の規制能力を剥奪しながら経済グローバル化を推し進め、経済的・社会的・文化的権利の実現に否定的影響を及ぼす場面が増えている状況を背景に、近年では程度の差はあれ国際機関の国際法上の義務を認める意見が広がっている。(31)

たとえば、2001～02年に国際法の専門家グループが作成した「世界銀行・IMFと人権に関するティルブルグ指導原則」が興味深い。(32)世界銀行・IMFは国連憲章にもとづいて国連と協定を結んだ専門機関として組織的に独立した地位を与えられており、それを理由に多くの国連決議や国連勧告から免れていると自ら解釈してきたが、実際には人権を含む国際法や国連憲章から外れて存在するわけではない。同指導原則によれば、人権の究極的な義務履行者は依然として国家にあるが、国際法人格を有する両機関もまた自らの事業や政策の立案・実施にあたって人権を尊重する責務を負うという国際法上の義務を有する。両機関を統治する加盟国は人権を含む国際法上の義務に拘束されるだけでなく、国連機関の一員として人権を含む国連憲章の目的と原則に従うことが求められており、「国連加盟国のこの憲章に基づく義務と他のいずれかの国際協定に基づく義務とが抵触するときは、この憲章に基づく義務が優先する」（第１０３条）とされているからである。したがって、両機関はその活動や機能のすべての側面にわたって人権への配慮を組み入れるべきであり、借り手の人権履行を妨げてはならず、したがって加盟国は国内的・国際的な人権義務の遵守・履行を妨げるような措置を両機関が講じることに同意すべきではない、というのが同指導原則の趣旨である。世界銀行・ＩＭＦの構造調整プログラムが多くの途上国で引き起こしてきた問題を考えると、このような国際法解釈はきわめて重要である。

## （３）多国籍企業行動規範とアグリビジネス

経済グローバル化の進展は、一方で国境を越えてグローバルに展開する多国籍企業の事業活動が社会・経済・文化・環境に及ぼす影響力を肥大化させ、他方で新自由主義的イデオロギーの浸透によって国家の規制主体としての影響力を弱体化させている。だが、新自由主義の浸透があろうがなかろうが、国家にその政治的意思があろうがなかろうが、多国籍企業の行動が人びとの社会権的権利の享受に及ぼす否定的影響を規制することには、法制度上の困難がつきまとう。多国籍企業は国家の法的権限が及ぶ管轄権を飛び越えて事業展開を行なうが、それゆえ必要とされる国際的次元での規制枠組みが十分に整備されていないからである。市場制度の整合性（regulation for business）を追求する国際経済法の分野はともかく、それより普遍性を有する人権保障のための多国籍企業規制（regulation of business）に国際法上の執行メカニズムが欠落しているという問題がある。もちろん、民間企業も国家・国際機関と同様に国際人権法上の規範的義務を負っていることを否定する者はいないが、その法的執行メカニズムが不在のもとで、民間企業にどこまで、そしてどのように法的義務を負わせるのかについては、専門家の間でもさまざまな議論が交わされてきた。(33)

たとえば、個別企業や業界ごと・品目ごとに導入されている企業原則や監査報告制度、基準認証制度等の「企業の社会的責任（CSR）」イニシアチブにみられるような自主的行動規範が主流となっているが、自主規制ゆえの限界は明らかである。(34) CSRを掲げる多国籍企業が国家的・国際的な規制の届かない途上国の現場で依然として続けている非倫理的な企業活動の例も枚挙にいとまがない。(35) 他方、国際労働機関（ILO）の「多国籍企業及び社会政策に関する原則の三者宣言」や人権関連条約、経済協力開発機構（OECD）の「多国籍企業行動指針」、あるいは「国連グローバル・コンパクト」など、より包括的な多国籍企業行動規範や諸手続きが存在する。これらも基本的には企業の自主規制に依拠しているため限界性は否めないが、たとえばOECD「多国籍企業行動指針」には企業の不当労働行為や人権侵害に対する中立制度が定められており、労働組合等に広く活用されている。また、国連人権理事会で議論されている「多国籍企業及びその他企業の人権への責任に関する行動規範」にも期待が集まっているが、2003年に小委員会で採択（E/CN.4/Sub.2/2003/12/Rev.2）されて以降は進展がなく、「企業の社会的責任を促進する努力に水を差すもの」とする国際産業団体からの批判も強いため、今日に至るまで法的拘束力のない象徴的な行動規範にとどまっている。それでも多国籍企業規制の枠組みとその具体化を検討する際に重要な参照点とされている。

これ以外にも、さまざまな方策が検討されている。(36)

第一に、国別・テーマ別の人権侵害に対して保障されている、人権理事会の申立手続きや社会権規約委員会の個人通報制度の対象を多国籍企業にも広げるという方法である。特別報告者制度の活用も可能かもしれない。ただし、そのためには人権理事会の決議を経なければならず、一部締約国からの抵抗も予想される。他方、現行制度でも、たとえば国別の調査報告において当該国で操業する多国籍企業の人権侵害を告発することは可能である。国連機関のしかるべき場で名指しされ、記録に残るという「不名誉」を別とすれば、多国籍企業の行動を直接に規制する効果は限られるが、グローバル市民社会組織の監視・告発活動と連動すれば、一定の有効性は認められよう。第二に、国家管轄権の域外適用である。これを「域外適用義務」として積極的に支持する国際人権法専門家も少なくない。その根拠は「国連憲章」や「社会権規約」でも謳われている「人権及び基本的自由の普遍的な尊重及び遵守のための国際協力の義務」に求められる。国家管轄権内で保障すべき市民権との違いから、普遍的人権の実現を「グローバル社会の義務」ととらえる議論もある。(37)人権侵害の現場が多国籍企業の直接投資を受け入れている開発途上国である場合が多いことをふまえれば、多国籍企業の本国である先進国政府にも国際人権法上の義務が問われることになるし、当事国だけでなく国際社会全体がこれに積極的に関与しなければならないということになる。たとえば、アメリカ合衆国には1789年制定の「外国人不当行為責任追及訴訟法（ATCA）」があり、アメリカ籍でなくとも何らかのかかわりのある企業が海外で引き起こした人権侵害や環境破壊に対して、被害者やその代理人が当該企業をアメリカの法廷で訴えることができるようになっている。アメリカの人権NGOが西アフリカ諸国で児童労働を使って栽培されたカカオの主要取引業者（カーギル、ネスレ、ADM）を訴えた際に依拠したのもこの法律である。第三に、不当行為賠償責任にとどまらず、刑事責任をも多国籍企業に追及する可能性、たとえば、個人の刑事責任に限られている国際刑事裁判所（ICC）の訴追対象を法人企業にまで拡張できるかどうかが議論されている。これとは別に、一部の市民社会組織が、多国籍企業の事業活動にともなう経済犯罪を審議する「国際民衆法廷」とそのための法的拘束力のある企業行動規範の必要性を訴えている。[38]

２００９年12月の国連総会にデシュッター氏が提出した報告書では、そうした国際法理論的検討や法的執行メカニズムに関する具体的提案はあまりなされていない。議論の焦点は、とくに小農や農場労働者の「食料への権利」を含む社会権的権利の実現に及ぼす多国籍アグリビジネスの具体的な影響力と、それを規制するための国家および企業自身の責務に関する提案におかれている。すなわち、国家に対しては、①農業食料部門に関連するＩＬＯ条約を批准して農場労働者の保護に努めること、②しかるべき措置を講じて労働関連法令の遵守状況を監視すること、③小農の市場アクセスを確保するため、国内および地域市場の強化、協同組合やマーケティング・ボードの設立、公的調達システムの活用、フェアトレードの促進などに積極的に取り組むこと、④寡占的な企業行動によって小農に不当な不利益を与えることのないよう、しかるべき規制措置を講じて小農の市場交渉力を高めること、⑤企業が導入する認証基準等が小農に過度な負担を与えることのないよう、グローバル・フードチェーンに対する公的規制を講じること、を勧告している。また、アグリビジネス企業に対しては、①買い手の立場で不当な影響力を行使しないこと、②国際枠組み協約[39]（ＩＦＡ）の締結やＩＬＯ基準の遵守に供給業者を支援しながら巻き込み、サプライチェーン全体を通じた雇用・労働条件の適正化に努めること、③食品安全や社会的・環境的な認証基準の策定と遵守に小農を巻き込み、彼らのグローバル・サプライチェーンへのアクセスを確保すること、④契約農業に関する交渉に際しては小農の「食料への権利」を尊重すること、⑤売場確保や情報提供を通じてフェアトレードを促進すること、を勧告している。この報告書を紹介した２０１０年3月5日のプレスリリースには、「小農とアグリビジネスとの力関係の不均衡は正さなければならない」との見出しがつけられている。

### （4）農業科学技術と種子制度・遺伝資源

ゲイツ財団やロックフェラー財団によって２００６年に設立され、アナン前国連事務総長が会長を務めるＡＧＲＡ（アフリカ緑の革命同盟）は、「食料危機」への対応策としてアフリカにおける農業生産の向上を重視し、品種改良（種子）や土壌改良（肥料）、物流インフラや市場アクセスを含む農業バリューチェーンの向上をめざしたプロジェクトへの支援を進めている。ＡＧＲＡは「持続可能性」や「農民的知識」などにも言及しているが、その事業がどこまで環境的・社会的な負荷をもたらしてきた従来型の技術移転モデルと生産力主義的開発モデルからの転換をもたらすか、小農・市民社会組織からは疑問視されている。そこでデシュッター氏はマルチステークホルダー会合を２００８年12月に招集し、アフリカ「緑の革命」のあり方を議論した。同会合のポジション・ペーパーに込められたデシュッター氏の主張は明確である。[40]アフリカ農業の発展が必要だとしても、それは技術だけの問題ではないということ。アフリカ「緑の革命」をめぐる論争はつまるところ、農業発展モデルの選択をめぐる問題であるということ。ここでも根底に貫かれるべき判断基準は「食料への権利」をいかに実現するかである。すなわち、食料の増産は必要だが十分条件ではなく、アフリカ農業が直面している問題の根本的解決につながる保証はない。農業モデルの選択を誤れば、かつての「緑の革命」がそうであったように環境的負荷や社会的不均衡を招き、「食料への権利」の実現に逆行する事態も予想される。

その際、過去の「緑の革命」からいかなる教訓を引き出すのか、その一方で数々の実績をあげている（にもかかわらず誤解されている）農業生態系利用型の農業モデルをどう受け止めるのかが問われなければならない。この点で、デシュッター氏も多くを依拠するように、2008年4月にまとめられた「開発のための農業に関する知識・科学・技術に関する国際的検証（IAASTD）」の成果が参考になる。[41]これは国連機関と世界銀行が2002年に発足させた国際的協議プロセスであり、「貧困と飢餓の削減、農村生活の改善、持続的な発展のために、農業に関する知識・科学・技術をよりよく利用するための方策」を、関連学会や市民社会組織、そして民間企業を含め、[42]世界中から400名を超える専門家の参加を得ながら4年近くの歳月をかけて検証してきたものである。本体だけで600ページにも及ぶ同報告書は全体を通じて、持続的で公平な農業開発における小規模生産者の潜在能力を強く支持する内容となっている。農業科学技術の進歩による収量向上と大規模化による生産性向上への成果を認めつつも、それが一方で大きな環境負荷となり、他方で発展途上国における貧困問題を解決できずにきたことをふまえている。そして、化学肥料や農薬、特許種子等の外部投入財への依存ではなく、多様な農業生態系の理解とその活用、そこで培われてきた農民的知識や農村女性の役割の再評価、それをコミュニティレベルで支援する科学者との協力（たとえば農民参加型育種）や制度・政策環境の整備の必要性を訴えている。

新しい農業技術の可能性を否定しているわけではない。２００７年5月の国際会議で報告したＦＡＯ担当者は、有機農業等の生態系利用型農業は「伝統的・経験的な農業を改善するために学際的な科学的専門知を活用するという意味でネオトラディショナル・フードシステムである」[43]と喝破したが、ＩＡＡＳＴＤ報告書も同様の立場に立っている。２００８年に発表されたＵＮＥＰとＵＮＣＴＡＤの合同作業部会報告書「アフリカにおける有機農業と食料安全保障」も同様の結論に至っており、農業生態系利用型農業技術とその研究開発と普及支援のための体制づくりを呼びかけている。[44]デシュッタ一氏も、こうした農業生態系利用型アプローチの「食料への権利」実現への貢献可能性に一貫して注目しており、２０１０年6月には当該テーマについての国際セミナーを招集している。

かつて人権委員会や人権高等弁務官事務所がＴＲＩＰＳ協定に関する報告書を提出したことがあるが、議論の焦点は医薬品分野、とくにＨＩＶ／ＡＩＤＳに苦しむアフリカ等の途上国貧困層が先進国企業による特許戦略によって安価な治療薬にアクセスできない問題に当てられていた。農業分野とくに種子・遺伝資源をめぐる知的所有権の問題が本格的に取り上げられたのは、デシュッター氏が2009年7月の国連総会に提出した報告書（A/64/170）が初めてである。氏はその中で「農業分野の研究開発が一般的にそうであるように、種子政策を構築する上で重要なのは、当該技術が農業にもたらしうる便益についての先入観ではなく、それが食料安全保障、とりわけもっとも立場の弱い農民が自らの生計をより良くする能力に及ぼす影響を注意深く検証することである」と述べ、ここでも「食料への権利」アプローチが有効であることを論じている。(45)

国家に課せられた義務は、もっとも貧しく脆弱な部分を含むすべての農民が食料および生産手段（農地、水、そして種子）に物理的・経済的にアクセスできる権利を尊重・保護・促進することである。社会権規約は第15条で「科学の進歩及びその利用による利益を享受する権利」をすべての人に保障している。だが、品種改良や種子生産という営為が農民的生産過程から切り離され、それをかろうじて担ってきた公的試験研究機関の役割も後退し、今日ではバイオテクノロジー等の高度技術を知的所有権によって囲い込む民間種子企業が種子事業を支配しており、その結果、農民の種子へのアクセスが阻害されている。したがって、国家はそうした「商業種子システム」を規制して、すべての農民が利益を享受できるような方向でイノベーションを促していくべきである。同時に、国家は伝統的な「農民的種子システム」を保全・強化して、たとえば伝統的知識と科学的知識を融合させた参加型育種を取り入れながら農民的イノベーションを促すべきである。それは、依然として多くの途上国農民が自家採種や種苗交換に依存しているからという理由だけではない。ますます強まる資源制約のもとで、ある程度の食料増産を達成する必要はあるが、増収性の改良品種を導入すれば食料安全保障が達成されるという単線的な考え方は、経験によっても、近年の科学研究の成果によっても正当性を失っている。各地域の自然的・社会的・文化的な環境に適した在来種を作物遺伝資源として利用し、農業生物多様性として保全していくことによってこそ、とりわけ気候変動下の食料安全保障を確保し、同時に社会権的権利を実現することが可能になる。また、知的所有権で囲い込まれつつある作物遺伝資源の多くは伝統的な「農民的種子システム」が育んできたものである。ＴＲＩＰＳやＵＰＯＶ等の国際知的所有権レジームは「農民的権利」を排除する方向に動いているが、法制度上は加盟国の柔軟な対応を認める余地が残されている。食料農業植物遺伝資源条約ＩＴＰＧＲも主要農作物の遺伝資源を公共財化する試みとして有効である。関係する国際機関は加盟国とくに開発途上国が各々の条件に適した種子システムを整備し、作物遺伝資源の保全と利用を図っていくための努力を支援すべきである、等々。デシュッター氏はこのような議論を具体的実践事例も交えながら展開し、イノベーション、食料安全保障、農業生物多様性保全を同時に達成すること、したがってまた「食料への権利」の漸進的実現の義務を履行することを可能ならしめる種子政策の構築と実施を、各国・国際機関に呼びかけている。

## 5　国際人権レジームの可能性：むすびにかえて

本章は国連を中心に議論されてきた「食料への権利」論に着目し、まず第2節で、その背景として戦後国際社会の総意によって形成・発展してきた国際人権レジームの枠組みを整理した。第3節では、「食料への権利」論が国際人権レジームの重要な構成部分として着実に国際社会に浸透し、国際法上の普遍的な概念として具体化されてきたことを、その概念的内容も含め明らかにした。第4節では、国連人権理事会「食料への権利」特別報告者の活動の到達点にも学びながら、「食料への権利」論の具体化作業の過程で取り上げられてきたおもな論点、すなわち①自由貿易レジーム下のWTO農業交渉について、②食料援助および国際経済機関による開発協力のあり方について、③多国籍企業の行動規範、とくにアグリビジネスと小農・農業労働者との非対称な関係について、そして④アフリカ「緑の革命」や国際知的所有権レジーム下の種子システムのあり方についてそれぞれ検証しながら、「食料への権利」アプローチの具体的な内容と構想を明らかにした。

農業・食料のグローバル・ガバナンスにおける原則や規範、政策手続き等の制度化をめぐって、基本的には自由貿易レジームを推し進めるヘゲモニー主体、すなわちアメリカ等の覇権的国家、多国籍企業、世界銀行・IMFやWTO等の国際経済機関が圧倒的な影響力を行使する支配構造が続いている。それは市場での経済的影響力やそれを反映した政治的影響力だけでない。問題となる事象に対する考え方や規範的信条、科学的知見などが、ヘゲモニー主体によるイデオロギー戦略（同意による支配）を通じて政策形成や支配構造に影響を及ぼすあり方にも注目する必要がある。その意味では、国連機関もそのようなヘゲモニー行使の場であり、人権理事会やＦＡＯもその例外ではない。だが同時に、国際人権レジームの一部を構成する国連「食料への権利」論が、国連総会や人権理事会、各種国際会合、学術専門家組織、メディアといった国際的公共空間を通じて国際社会に浸透しつつあり、へゲモニーに対抗するための「場」と「手段」を提供していることが、本章の考察から明らかになった。こうした国際社会での動きが、ビア・カンペシーナ等によって掲げられてきた小農・市民社会運動としての「食料主権」論とも連動しながら、新自由主義的グローバリゼーション（自由貿易レジーム）に対抗しうる強固な国際人権レジームとして確立していくことが切望される。

なお、本章では便宜的に「食料への権利」と「食料主権」を相補的な概念として捉えたが、それは両者が代替可能であることを必ずしも意味しない。他章でも論じられているように、「食料主権」は社会運動の場で提起され、急速に広がりをみせている政治的スローガンであり、その主張には生産と消費の現場から突き上げられたリアルな重みがあるが、それゆえに「食料への権利」に含まれるような法規範的な厳密性と普遍性という点で弱点をもっている。[46]両アプローチが各々の役割を果たしながら、基本的人権としての「食料への権利」が国内的・国際的な次元での政策形成とその実施を通じてどのように達成されていくのか、いくべきなのかについては、さらなる検討が求められよう。

## 注

（1）久野秀二「食料サミットと国際機関の対応」『農業と経済』74巻14号、2008年、5–18ページ。
（2）阿部浩己・今井直・藤本俊明『テキストブック国際人権法（第3版）』日本評論社、2009年、14ページ。
（3）山本吉宣『国際レジームとガバナンス』有斐閣、2008年、第1章。
（4）申惠丰《しんへぼん》『人権条約の現代的展開』信山社、2009年、第5章。社会権の扱いについて、日本では1957年の朝日訴訟（生存権裁判）が思い出されるが、労働基準法が適用される労働基本権はまだしも、生存権や健康権等の社会権は今日でも法的権利（司法判断で救済される権利）ではなく行政府・立法府による裁量の問題に矮小化される傾向が強い。
（5）申惠丰、同上書、第2章。
（6）勝間靖「開発における人権の主流化：国連開発援助枠組の形成を中心として」『広島大学平和研究センター（IPSHU）研究報告シリーズ』31号、2003年。
（7）世界銀行グループや国際通貨基金IMFもここに含まれるが、意思決定メカニズム（投票システム）の違いをはじめ、ほかの国連機関とは性格が大きく異なる。
（8）S-A. Way, 'The Role of the UN Human Rights Bodies in Promoting and Protecting the Right to Food', in W.B. Eide and U. Kracht (eds) *Food and Human Rights in Development I: Legal and Institutional Dimensions and Selected Topics*, Intersentia, 2005, pp.205-228.
（9）立松美也子「国連人権理事会の成立」『山形大学紀要（社会科学）』第37巻2号、2007年、87–104ページ。

(10) これまで20本が提出されており、全般的な規則について述べた１号（締約国による報告）、３号（締約国の義務の性格）、９号（社会権規約の国内適用）のほか、４・７号「住居に対する権利」、11・13号「教育に対する権利」、12号「適切な食料に対する権利」、14号「健康に対する権利」、15号「水に対する権利」、18号「労働に対する権利」、19号「社会保障に対する権利」などとなっている。

(11) 自由権規約について個人通報制度を定めた選択議定書は議定書本体と同じ１９６６年に採択され、１９７６年に発効している。ここにも、自由権的権利と社会権的権利との差別的扱いが表れている。

(12) ２０００年９月に「食料への権利」特別報告者に任命されたジャン・ジグレール氏の任務は、①「食料への権利」に関する情報を収集し対応すること、②「食料への権利」を促進し効率的に実現するために政府・政府間組織・非政府組織との協力関係を構築すること、③「食料への権利」に関する新たな課題を明らかにすること、④「食料への権利」にかかわって水をめぐる問題にも注目すること、⑤１９９６年世界食料サミット『行動計画』の実施に向けた中間レビューを行なうこと、⑥ジェンダーの視点を取り入れその主流化を図ること、とされた（E/CN.4/RES/2000/10、E/CN.4/RES/2001/25）。これらの任務に従って、特別報告者は人権委員会（２００６年以降は人権理事会）定例会合および国連総会に提出する報告書を通じて、「食料への権利」に関する国別・テーマ別の諸課題を明らかにしながら、同概念の規範的枠組みを強化する作業に努めてきた。氏が取り上げたテーマには、国際貿易（２００１年）、農地改革（２００２年）、水への権利（２００３年）、ＷＴＯ交渉と食料安全保障（２００４年）、多国籍企業の責任（２００４年）、先住民の権利（２００５年）、国際機関の責任（２００５年）、子どもの権利（２００７年）、バイオ燃料（２００７年）などが含まれる。また、「食料への権利」の司法判断適性（２００２年）や域外適用可能性（２００５年）といった法理論的な問題にも言及している。彼は任命当時、ジュネーブ大学の社会学教授だった。弁護士資格をもち、１９９９年までスイス連邦下院議員も務めていた。現在は国連人権理事会の専門家諮問委員会副議長を務めている。特別報告者の活動成果をレビューした２００７年９月の人権理事会決議（A/HRC/6/2）で任務内容が次のように再整理された。①「食料への権利」の完全な実現と国家・地域・国際レベルで講じるべき方策を促すこと、②「食料への権利」の実現を妨げている・妨げうる障害を克服する方法と手段を検討すること、③女性や児童への視点を考慮し、それを主流化していくこと、④ミレニアム開発目標１（極度の貧困と飢餓の撲滅）の実現に資するような提案を行なうこと、⑤各国が「食料への権利」の完全な実現を漸進的に達成するためにとりうる措置を提案すること、⑥これらの任務を遂行するうえで、すべての国家、国家間組織、非政府組織、社会権規約委員会をはじめとする関連組織と連携すること、そして⑦「食料への権利」実現の促進にかかわる国際会議等に積極的に参加して国際社会に働きかけていくこと。２００８年５月に着任したデシユッター氏の活動はこれに従っており、とくに⑦での貢献が顕著である。

(13) １９８３年に人権促進保護小委員会から調査研究活動を委任されたアズビョーン・アイデ氏（Asbjø rn Eide）の１９８７年報告書が「食料への権利」論のひな形とされている。A. Eide, 'The Importance of Economic and Social Rights in the Age of Economic Globalization', in W.B. Eide and U. Kracht (eds) *op.cit.* pp.3-40.

(14) W.B. Eide and U. Kracht, 'The Right to Adequate Food in Human Rights Instruments: Legal Norms and Interpretations', pp.99-118 in W.B. Eide and U. Kracht (eds) *op.cit.*

(15) 日本語訳として「十分な食料」が一般に使われているが、原文は「adequate food」である。社会権規約委員会「一般的意見12号」でも指摘されているように、それは量的に十分であるだけでなく、質的にも十分であること、さらに食料調達手段への物理的・経済的アクセスにも及ぶ概念であることをふまえると、日本語の語感として「程度問題」に矮小化されかねない「十分な」という訳はあまりふさわしくないと筆者は考えるが、「適切な」という訳も、ほかの文脈で使われる「appropriate」と区別できないため、本章では便宜的に「十分な」という訳を採用した。

(16) A. Oshaug, 'Developing Voluntary Guidelines for Implementing the Right to Adequate Food: Anatomy of an Intergovernmental Process,' in W.B. Eide and U. Kracht (eds) *op.cit*, pp.259-282.

(17) S. Söllner, 'The "Breakthrough" of the Right to Food: The Meaning of General Comment No.12 and the Voluntary Guidelines for the Interpretation of the Human Right to Food,' *Max Planck Yearbook of United Nations Law* 11, 2007: pp.391-415. また、「自主的ガイドライン」に限らず、国際社会の法規範的な信念の表明として積み重ねられてきた数々の国連総会決議等は、個別的であれ国家の継続的慣行によって補強されるならば、「食料への権利」を慣習国際法として成立させる根拠となりうるとの意見もある。松隈潤『人間の安全保障と国際機構』国際書院、２００８年、第４章。

(18) 申惠丰、前掲書、第５章。

(19) センは飢饉の分析を通じて、飢饉は食料不足ではなく貧困と不平等から生じることを明らかにした。そして、貧困は低所得に由来するのではなく、資源や機会へのアクセスないしエンタイトルメント（社会成員として原初的に所有する権利によって獲得しうる財やサービスの組合わせ）が剥奪され、個人の能力ないし潜在的能力（ケイパビリティ）を発揮しえない状態としてとらえた。この考え方から、開発の目的はすべての人々が自らの能力を高め、さまざまな領域で能力を発揮できる機会を拡大することであるとする、国連開発計画ＵＮＤＰ等の「人間開発」論が発展してきた。西川潤『人間のための経済学

――開発と貧困を考える』岩波書店、２０００年、第12章。

(20) K. Mechlem, 'Food Security and the Right to Food in the Discourse of the United Nations', *European Law Journal*, Vol.10, No.5: pp.631-648, 2004; W.B. Eide, 'From Food Security to the Right to Food', pp.67-97 in W.B. Eide and U. Kracht (eds) *op.cit.*

(21) 国連事務総長を座長に２００８年４月に発足したグローバル食料危機ハイレベル作業部会が提示し、２００９年11月の「進捗状況報告書」で改定（強化）が提起された「包括的行動枠組み（ＣＦＡ）」に対して、デシュッター氏は２０１０年４月、「食料への権利」の枠組みと原則を組み込むための「５つの提案」を行なっている。O. De Schutter, Five Proposals for a Genuine Integration of the Right to Food in the Revised Comprehensive Framework of Action, April 10, 2010.

(22) この報告を受けた国連総会決議（A/RES/63/187）は２００８年12月に採択されたが、その中で「知的所有権の貿易関連の側面に関する協定（ＴＲＩＰＳ協定）」をめぐる問題が初めて言及された。

(23) デシュッター氏はベルギー・ルーヴァン大学とヨーロッパ大学院大学で国際人権法の教授を務めているが、ニューヨーク大学でも教授職を兼務していた２００６年に『多国籍企業と人権』と題する編著書（O. De Schutter (ed), *Transnational Corporations and Human Rights*, Hart Publishing, 2006）を刊行している。

(24) Reports of the High Commissioner for Human Rights, The Impact of the TRIPS Agreement on the Enjoyment of all Human Rights (E/CN.4/Sub.2/2001/13); Globalization and its impact on the full enjoyment of human rights (E/CN.4/2002/54); Liberalization of trade in services and human rights (E/CN.4/Sub.2/2002/9); Human rights, trade and investment (E/CN.4/Sub.2/2003/9).

(25) OHCHR, Human Rights and Trade, a report to the 5th WTO Ministerial Conference, Cancún, Mexico, 10-14 September 2003.

(26) OHCHR, Human Rights and World Trade Agreement: Using general exception clauses to protect human rights, HR/PUB/05/5, 2005.

(27) A. McBeth, *International Economic Actors and Human Rights*, Routledge, 2010, Chapter 4.

(28) O. De Schutter, Taking the Right to Food Seriously: Analysis by Special Rapporteur on the right to food on the High-Level Meeting on Food Security for All, issued on 31 January 2009.

(29) O. De Schutter, Statement by Special Rapporteur on the right to food at the Interactive Thematic Dialogue of the U.N. General Assembly on the Global Food Crisis and the Right to Food, New York, 6 April 2009.

(30) ここで思い出されるのが、２００２年のアフリカ南部飢饉に際してアメリカ政府と欧州諸国との間で露呈した、食料援助に対する考え方の違いである。詳しくは、久野秀二「世界の食料問題と遺伝子組換え作物」大塚茂・松原豊彦編著『現代の食とアグリビジネス』有斐閣、２００４年、第10章。

　２００３年に勃発した米欧間の論戦は、遺伝子組換え作物・食品（ＧＭＯ）の受容に消極的なアフリカ諸国とその背景にある欧州ＧＭＯ規制を、アメリカ政府が食料援助と絡めて批判したことに端を発する。それは、欧州のＧＭＯ規制をめぐってアメリカ、カナダ、アルゼンチンがＷＴＯ紛争解決機関に提訴して始まったＧＭＯ紛争とも軌を一にしていた。アメリカ食料援助の受入れを拒否したアフリカ諸国の主権的判断を支持し、食料援助規約に従って食料の域内調達への資金援助を行なうとともに、自国の余剰穀物（ＧＭトウモロコシ）の流用にこだわるアメリカの食料援助政策を批判した欧州諸国の側に道理があったのは言うまでもない。アメリカの姿勢は一向に変わっていない。たとえば、２００３年に導入された「ＨＩＶエイズ・結核・マラリア対策グローバル・リーダーシップ法」（２００８年に改定）、および２００９年に提案され最終審議中（２０１０年10月末現在）の「Lugar-Casey グローバル・フードセキュリティ法」は、開発途上国への医療・農業開発支援とＧＭＯの受容・推進とを抱き合わせにする内容を含んでおり、多くの市民社会組織から批判されている。

（31）A. McBeth, *op.cit.*, Chapter 5.

（32）Tilburg Guiding Principles on World Bank, IMF and Human Rights, published as part of W. van Genugten, P. Hunt and S. Mathews (eds), *World Bank, IMF and Human Rights*, Wolf Legal Publishers, 2003, pp.247-255.

（33）A. McBeth, *op.cit.*, Chapter 6; O. De Schutter (ed), op.cit.; M. Brady, 'Holding Corporations Accounrable for the Right to Food', in G. Kent (ed), *Global Obligations for the Right to Food*, Rowman & Littlefield, 2008, pp.89-120.

（34）久野秀二「多国籍アグリビジネスとＣＳＲ――社会・環境基準の導入と普及をめぐる問題点」『農業と経済』74巻7号、２００８年、15-28ページ。

（35）Christian Aid, 'Behind the Mask: The real face of corporate social responsibility', January 2004.

（36）A. McBeth, *op.cit.*, Chapter 6.

（37）G. Kent (ed), *op.cit.*

（38）C. Olivet, Towards an International Tribunal on Economic Crimes: Bi-regional proposals for regulation of TNCs, July 2007, available on the website of Transnational Institute.

(39) 労働組合の国際産別組織が多国籍企業や産業団体と締結するもので、企業側に中核的労働基準（ＩＬＯ条約のうち最低限の国際労働基準として、結社の自由及び団体交渉権、強制労働の禁止、児童労働の廃止、雇用及び職業における差別の禁止など４分野８条約を指定）の遵守を確認し、原料供給業者も共同監視の対象に含めるもので、農業食料関連産業ではカルフール、チキータ、ダノン等の多国籍アグリビジネスが国際食品労組（ＩＦＵ）と協約を結んでいる。

(40) O. De Schutter, The Human Right to Food and the Challenges Facing an African 'Green Revolution': Position Statement of Special Rapporteur on the right to food, presented at the Multistakeholder Consultation, Luxembourg, 15-16 December 2008.

(41) IAASTD, *Agriculture at a Crossroads Volume I: The Global Report / Volume 7: Synthesis Report*, Island Press, 2009.

(42) 最終報告書の提出を間近に控えた２００８年１月、農薬業界の国際産業団体 CropLife International のメンバーとしてＩＡＡＳＴＤに参加していたモンサントとシンジェンタの関係者が「産業界の視点を報告書草案に反映させるのが不可能である」ことを理由に脱退したことが報じられた。

(43) N. Scialabba, 'Organic Agriculture and Food Security', a paper presented at the International Conference on Organic Agriculture and Food Security, OFS/2007/5, May 3-5, 2007.

(44) UNEP-UNCTAD Capacity-building Task Force on Trade, *Environment and Development, Organic Agriculture and Food Security in Africa*, UNCTAD/DITC/TED/2007/15, UN Publication, 2008.

(45) 報告書の詳細版が、O. De Schutter, Seed policies and the right to food: Enhancing agrobiodiversity, encouraging innovation, Background document to the report (A/64/170) presented by Special

Rapporteur on the right to food at the 64th session of the UN General Assembly (October 2009), June 2009. として公表されている。

(46) H.M. Haugen, 'Food Sovereignty: An Appropriate Approach to Ensure the Right to Food?' *Nordic Journal of International Law*, 78: 2009, pp.263-292.

# 第6章　日本農業と消費生活協同組合
## ——生活クラブの「生産する消費者」運動——

## 1　はじめに

まず図6–1の地図をご覧いただきたい。これは生活クラブ生活協同組合（以下「生活クラブ」という）が1972年から本格的に産直提携している、山形県庄内地方にある遊佐町の圃場地図である。地図の小さなひとつひとつの区画が圃場の一枚一枚を表している。右下に「遊佐町耕作地表記」とあり、大豆、ナタネ、飼料用米、遊ＹＯＵ米、有機米（無農薬・無化学）とある。これらが色分けされていると見やすいのだがご容赦いただきたい。

地図に白く記した圃場以外はすべて生活クラブとつながりがある。この地図は田んぼ中心だが、海側の砂丘地にある畑地の野菜や果樹なども産直提携の対象である。「購買力の結集」にもとづく面

図6－1　生活クラブが産直提携している遊佐町の圃場地図

的・複合的な提携の推進。本章第3節において生活クラブのこの実践事例を紹介するが、この圃場地図はその到達点を視覚的にみごとに表現している。

この産直提携の事例は、２０１０年5月に京都大学で開催された「食べて農業を支える―消費からの倫理を考える―」という、食と農の安全・倫理シンポジウムでも取り上げられた。筆者が「産消提携における消費者倫理」というテーマで報告させていただいたのだが、こういう角度から関心を寄せられたことは嬉しいことである。

ところで本章のサブタイトルを、生活クラブの「生産する消費者」運動とした。生活クラブは１９６５年に結成され、68年に生協法人になり、70年代を通して共同購入の事業と運動の基礎を確立する。この言葉は生活クラブの理念的な立ち位置を表現するものとして、70年代後半に掲げたものだ。その後書庫の片隅でほこりにまみれていたのだが、筆者はこれを数年前から重用している。なぜならば、この言葉は消費生活協同組合が肝に銘ずべき、基本的な使命を実に的確に表現していると考えるからである。

２０１０年は協同組合人にとって重要な節目の年である。１９８０年にＩＣＡ（国際協同組合同盟）モスクワ大会は、Ａ・Ｆ・レイドロー博士がまとめた「西暦２０００年における協同組合」（通称「レイドロー報告」。以下「報告」という）を採択した。協同組合運動史にあってこれほどの重みのある歴史的文書はそうはない。２０１０年はこれが公にされて30周年である。

現在日本の協同組合運動は、外からの「攻撃」と内からの「瓦解」（会社化、大規模化、機能分断等）ともいうべき深刻な状態にある。新自由主義の嵐が吹き荒れた後の爪痕の悲惨さをみるにつけ、日本の協同組合のこの現状と、レイドローがめざすべきとした協同組合セクターの形成が、課題として残されたままであることは残念でならない。食料、環境、雇用、地域福祉など協同組合が一丸となって〝地域〟に貢献すべき課題は多い。「地域の再生」をテーマとする本シリーズは、「近代」の行き詰まり状況を根本的に解決する手がかりをこの〝地域〟に求めている。まったく同感であるが、地域再生あるいは昨今話題の「新しい公共」を創造していくためには、協同組合が重要なアクターであることを強調したい。筆者は本稿で「報告」に関して多くのページを費やすが、それはこのような問題関心による。

以下ではこのこだわりのもとに、第2節では「報告」と生活クラブにおける「生産する消費者」運動との接点を探る。第3節では生活クラブ共同購入を理念的に概括する。第4節ではこの理念を実践的かつ象徴的に体現していると考える、生活クラブと遊佐町（JA庄内みどり遊佐支店）との面的・複合的な産直提携の事例でこれを具体的に検証する。

## 2　「レイドロー報告」と消費生活協同組合

### （1）「レイドロー報告」とは

レイドローは、「報告」(1)で次のように述べている。「消費者協同組合は消費者の特別な運動ではなく、市場でのシェア拡大に腐心し、顧客の関心を引くために、私企業と同じ方法を用いるもう一つの巨大な事業体にしかすぎないと見られている」。

協同組合はこれまで3つの危機に直面してきたという。第一の危機は、協同組合それ自体の認知度が低く事業も稚拙であるがための「信頼性の危機」。第二の危機は、資本主義の大海のなかでほかの私企業との熾烈な競争からもたらされる「経営の危機」。そして今日(1980年当時)直面しているのが、第三の危機としての「思想的な危機」(イデオロギーの危機)である。レイドローはこの危機の特徴を、協同組合がほかの私企業とは異なる独自の役割を果たしているのかという、本質的な疑問に根をもつものだと説明している。先に引用した文章は、「報告」の中でレイドローが最も舌鋒鋭く消費生活協同組合の問題を指摘しているくだりであるが、消費生活協同組合が「私企業と同じ方法を用いるもう一つの巨大な事業体にしかすぎない」のであれば、たしかに独自の役割を果たすことはむずかしい。

もちろん「報告」は消費生活協同組合に対する批判を旨としていない。農協や漁協などを含めて、当時の世界の協同組合全体の問題点を摘出し、予見される近未来社会(西暦2000年)の困難性をふまえ、そのような時代であるからこその協同組合の可能性を確認しつつ、そうあるべく協同組合運動の本来性の回復を志向したものである。そう考えるレイドローの問題意識には、今日の政治—経済—社会の危機に結果する重要な歴史的転換点(1980年前後)の認識があった。

「報告」がＩＣＡモスクワ大会で採択された時代状況を振り返ってみたい。１９７２年に『成長の限界』と題された「人類の危機レポート」が発表され、資源と地球の有限性の問題が提起される。日本でも74年に有吉佐和子の『複合汚染』が出版される。73年にはオイルショックが勃発する。神野直彦教授によれば、この出来事は「第二次大戦後の高度成長を可能にした重化学工業を基軸とする産業構造の行き詰まりを意味していた」。[2] 加えてここで看過できないこととして「新自由主義」の登場がある。79年に英国でサッチャーが首相に、81年にはアメリカでレーガンが大統領に就任する。このような「危機と苦難の時代の入り口」の自覚において、レイドローは「報告」を世に残し、自らは急逝する。

レイドローはこのような歴史認識をふまえ、西暦２０００年における政治―経済―社会の危機を予見し、その近未来に向けた協同組合に独自な役割と使命を説いた。そして公的（政治）セクター、私的（企業）セクターと並び、協同組合がその固有な存在感を社会―経済的に、あるいは政治的に発揮するための、第三極としての「協同組合セクター」の形成を訴えたのである。

## （２）「協同組合セクター論」を復興する

「協同組合運動の先駆者たちは、協同組合的制度がしだいに多くの信奉者を引き入れ、支配的な地位につき、そしてあらゆる分野で影響力を行使し、最終的に協同組合共和国を建設する日について語り、そのために計画をした」。しかし「協同組合共和国のヴィジョンは、確かに少なくとも今世紀の末までにはマクロ的な規模で実現されることは多分ないだろう」。

レイドローが「報告」でこう記す背景に、ジョルジュ・フォーケの『協同組合セクター論』（1935年刊）がある。フォーケは彼の時代にビジョンと目されていた「協同組合共和国」という認識は間違っていると主張した。そして「より積極的かつ現実的な見解では、消費協同組合単独でも、すべての形態の協同組合によってでも、全経済活動を包摂することはできないということが明らかとなった。協同組合は一つのセクターを占めることを目標とすることができるだけである」[3]と運動目標をリセットする。

レイドローはフォーケのこの問題意識を引き継ぎ、西暦2000年に向けて協同組合セクターの形成を展望する。「現代経済の最も顕著な傾向の一つは、巨大な企業と巨大な政府という二大機構の癒着化傾向である。市民に残された唯一の別の選択のみちは、自分たち自身のグループ、とくに協同組合をつくることである」。

ここで重要なことは、第三極としての協同組合セクターをどう形成すべきかのレイドローの問題意識である。協同組合セクターの形成のために、協同組合はどういう立場性を有するべきなのか。それはすでに確認したように、「協同組合がほかの私企業とは異なる独自の役割」を果たしていることである。そこにほかとの違いがなければ第三極など形成されるはずがない。そのうえで協同組合セクターは何を事業と運動の主たるテーマとするべきなのか。レイドローは「報告」の白眉である、協同組合が将来において選択すべき「4つの優先分野」の問題提起をもってその回答とする。

①「世界の飢えを満たす協同組合」（食料）。食料については「生産から消費までが、協同組合としての最大の能力と経験を持っている分野」であり、「協同組合の人類に対する最大の貢献」はこの食料問題である。

②「生産的労働のための協同組合」（雇用）。雇用問題への貢献を協同組合的起業の推進（後述する生活クラブのワーカーズ・コレクティブ運動等）をもって進める。

③「保全者社会のための協同組合」（消費）。保全者（conservative）、つまり筆者の解釈でいえば、持続可能性に向けた「安全」「健康」「環境」という諸価値に配慮する人びとのための事業と運動の展開。とくに消費生活協同組合の今日的な問題性の克服。

④「協同組合地域社会の建設」（地域社会）。都市のなかに村を建設する。「協同組合共和国を、ミクロ経済レヴェルで地域社会や地方において建設することは、いまだに可能であり、実際に高い可能性をもっている」。

### （3）「消費」の問題性と「生産する消費者」運動

以上をふまえ、消費生活協同組合の使命について考えてみたい。レイドローは、「報告」で明示的には「消費」の問題性に言及していない。しかし「報告」のバックボーンにはその問題意識が明確にある。それは、たとえば「報告」にある次の引用文に感じ取れる。「商品の共同生産は、個々人の消費のための共同仕入よりも人々をより強く結びつける。人間は本質的に、消費者としてよりも生産者として活動するとき、はるかに積極的に人々と結びつこうとするものである」。レイドローは別のところでは「消費者主権」という哲学の見直しを説いてもいる。このように「報告」の所々で、レイドローは「消費」に対する批判的な問題意識をほのめかしている。

イギリス協同組合中央会は、１９４４年に近代協同組合の祖と位置づけられているロッチデール公正先駆者組合（以下「先駆者組合」）の創立１００周年を記念して、協同組合史を編纂する仕事をG・D・H・コールに委嘱した。コールはこれを『協同組合運動の一世紀』（１９４４年）にまとめたが、この本はこういうレイドローの問題意識を補足してくれる。

１８４４年に設立され、近代協同組合の祖と位置づけられている先駆者組合は、生産、流通、教育等の生活全般を対象とし、共通の利益に結ばれた自立した地域共同体の建設をそもそもの目標とした。協同組合運動の源流（19世紀初頭から先駆者組合以前）を遡ると、そこにはこのような共同体建設への志向が鮮明にあり、「生産」と「消費」は一体であることがめざされていた。こういう高い志にあった先駆者組合以前の活動家たちは、「店舗」に冷淡であり多くは批判的であったらしい。しかし、ロッチデールの先駆者たちはこのような時代状況のなかで、食料品や衣料品等を販売するための店舗を設立する。

コールは先駆者組合が設立後10年にして、自らを「生産」と切り離された「消費者の協同組合」と考えるようになり、共同体建設という真なる目的を忘却してしまったという。以後これに続く人たちには、真なる目的を見失ってしまった先駆者組合を自分たちのモデルとする。このようなイギリス協同組合運動の一世紀を総括して、「協同運動は、先駆者たちが店舗を開いてから一世紀のあいだに、イギリスにおいてはみずからの消費者哲学を持った消費者運動にますますなってしまっている」とコールは落胆している。(4)

もちろんこれはイギリスに限定されたことではない。消費生活協同組合の多くは、今日ますますその傾向を強めている。数年前に筆者が欧州の協同組合を視察した際に、イタリアである生協の理事長と懇談したことがある。その席上、生活クラブは「生産」に深くかかわることを重要な課題にしていると語ったところ、この理事長からそれは消費生活協同組合としてあるまじき行為であると言われた。「消費」は「生産」に要求を出せばそれでよく、「生産」の結果としての生産物(商品)にのみ関心をもてばそれでよい。その先にある生産過程に関心をもつなど消費生活協同組合のするべきことではない。この理事長は私たちをこのように諭したのである。

コールの落胆はこの理事長と全く逆の問題関心にもとづいている。つまりコールはここで「生産」と「消費」の分断を問題とし、消費生活協同組合のこのような立場性に批判的なのである。この状況を問題として発見すること。まさにこのことが、消費生活協同組合が「思想的な危機」を克服するための鍵になるだろう。

生活クラブの共同購入運動は、この四十数年間、「生産する消費者」という理念を形にしようとしてきた。「生産」と「消費」との間に分断線があっては真の協同組合運動たりえない。もちろん「消費」は、今日の消費生活協同組合にあっては設立の目的であり、組合員が加入する動機である。だからそれが尊重されるべきことはいうまでもない。そのうえで、しかし少しずつでも「生産」を理解し、これをひとつひとつ組織的な了解に高め、「生産」が持続的であるための問題解決に努める。

こういう努力の結果として組合員は「消費責任」の自覚を育んでいく。こうして「消費」は「生産」に対する距離を縮めていく。もちろん実際の活動は楽しさを追求する。とはいえ、この「責任」という言葉の重さを組合員リーダーが忘れることはない。

生活クラブでは「生産」への直接参入をリスク覚悟でやってきた歴史も一方にある。酪農家と共同で牛乳工場（千葉、栃木、長野に3工場ある）を都市近郊酪農というコンセプトのもとに建設し、小さいながらも北海道の積丹地方で肉牛牧場（２００頭）を開設もし、さらには経営困難に陥った提携養鶏場（50万羽）の経営再建にも携わってきた。また昨今では組合員の農業参入の可能性を探ってもいる。

しかし問題は、まずはこの理念を共同購入の日常性においていかに体現するか、あるいはそれをどうそこに埋め込むかであろう。残念ながら「生産する消費者」運動の明確なビジョンはいまだに描ききれていない。だがここにこその真価が問われるだろう。次節ではこれについて検討する。ただし協同組合は世界共通のその原則からして教育（理念）を重視するためか、勢い理屈っぽい議論となってしまうことをあらかじめお断りしておく。

## 3 「生産する消費者」運動が体現すべき基本理念

### (1) 生活クラブとは

生活クラブは１９６５年に東京の世田谷区の一角で誕生し、それ以降首都圏を中心におもに東日本で組織化を進めてきた。東北の一部と北陸には組織がないが、規模の違いはあるにせよおおむね東日本の各県に存在している。筆者が現在籍をおくのは、この各都道府県にある生活クラブが連合して１９９０年に設立した、生活クラブ事業連合生活協同組合連合会（略称「生活クラブ連合会」）である。

数年前から志を同じくする関西方面の複数の生協が生活クラブ連合会に加入してきたこともあり、現在のグループの単位生協の数は32になった。２０１０年度の事業実績を概括すると、グループ全体の組合員総数は35万５０００人、年間供給高は９００億円、出資金総額は３５０億円になる。グループ共通の主たる事業は、共同購入事業と共済事業である。共同購入事業は、業態として班配送（34％）、個別配送（53％）、デポーと称する小型店舗（13％）がある。カッコ内の数字は09年度末の組合員構成比である。

生活クラブでは共同購入する材を「商品」と言わない。「消費材」という造語で呼ぶ。その90％以上は食品である。こうした消費材づくりは1972年から始めた。日本の生協の多くは、一般のメーカーが生産し全国流通している商品（NB）か、「COOP商品」という生協仕様である共通商品の取扱いを供給事業の要にしている。生活クラブでも設立直後は後者を組合員に供給したことがある。しかし設立後15年ほどで、取り組む材のほとんどを自分たちでつくったオリジナル品（消費材）にした。以後もこの活動スタイルは継続され、今日では「つくる」対象は容器や包材にまで広がっている。これは生活クラブの重要な特徴であり、この点について以下で敷衍してみる。[5]

## (2) 消費材を生産者とともに「つくる」運動

生活クラブでは消費材の要件として次の6項目を重視する。①使用価値を追求したもの。②生産者の再生産を保障する適正価格であること。③原材料・生産工程・流通・廃棄のすべての段階における情報の公開。④生活に「有用」であり、身体に「安全」であり、環境に「健全」であること。⑤生産者と消費者の対等互恵と相互理解と連帯の条件があること。⑥国内自給と自然循環の追求（「奪わない」持続的な「食料の自主管理システム」づくり）。この要件の充足の重視が、商品という認識から生活クラブを遠ざけた。

この基本的な要件をふまえつつ、購買力の具体的な結集、つまり生活クラブ組合員の消費材に対する利用を結集する力を背景に、たとえば農業基準、漁業基準、畜産基準、加工食品基準、容器包装基準等々の各種の消費材基準を、生産者とともにつくってきた。しかも先にふれたとおり、生活クラブで取り扱っている材は、基本的にはすべて生活クラブのオリジナル品である。こうした各種の消費材基準は、オリジナル品としての消費材を生活クラブ組合員が、生産者とともに「つくる」過程でひとつひとつ蓄積してきたものである。このように消費材は、いわゆる「安全・安心」と目される材を市場から調達してきたものではない。組合員が生産者とともに「つくってきた」ものである。しかも具体的な購買力の結集をもってつくる。これを不断に連続させる。つまり「消費材を生産者とともに『つくる』運動」。これが生活クラブ共同購入の第一の基本理念である。

## （3）主要品目が牽引する共同購入

生活クラブでは牛乳、米、鶏卵、豚肉、牛肉、鶏肉を「主要品目」と位置づけ、これらの品目を共同購入の要に位置づけてきた。現在はさらに、青果物と水産物をこれに加えて強化している。なぜこれらが主要品目であるかについては多言を要しないであろう。これらの品目の国内生産に占める位置（自給・循環）、並びに食生活において占める位置（素材）の重要性による。そのため数ある消費材のなかでも徹底して材の質、生産のあり方、提携のあり方にこだわりを持続させ、改善・改良を繰り返している。「主用品目が牽引する共同購入」。これが生活クラブ共同購入の第二の基本理念である。

主要品目に対する組合員の共感こそが生活クラブらしさを持続的たらしめる。品揃えされた商品群のなかにこれらを埋もれさせてしまってはならない。生活クラブでは「利用人員率」という指標によって、主要品目への共感を不断に点検する。これはその消費材をどれくらいの生活クラブ組合員が利用しているかの実態を表す指標である（利用量ではなくあくまでも利用率）。もっとも高い利用人員率にあるのが豚肉と鶏卵であり、これらは70％内外の水準にある。利用人員率が長期低迷に入り、その再構築が急がれるのが牛乳である（50％台）。もっとも低い牛肉は、昨今の消費低迷でさらに苦戦を強いられているが、それでも30％台の水準にはあろうか。

ここで主要品目に絡めて補足しておきたい。日本の生協組合員が生協で購入する月平均の利用高は1万2０００円ほどである。つまり週当たりにすると３０００円。数年前に、ある生協が、これを５０００円にする「法則」（ヒント）を探り当てるために組合員の利用実態を細かく分析した。この結果が発表されるというので筆者も聴講させてもらった。週当たりの利用高が３０００円の組合員に共通する傾向。それは「すぐ食べられるもの」だったという。つまり冷凍食品や菓子である。組合員がもっとも生協に期待する食品ジャンルが冷凍食品であることは、別の大がかりな生協組合員意識調査でもわかっている。それではこの生協が導き出した週当たりの利用高が５０００円になる傾向的な特徴は何か。それは野菜の利用であった。

これを参考にして少し強引な仮説を立ててみる。仮説とは主要品目の利用が継続的であるための利用高の水準ということである。野菜が鍵になった週当たり５０００円という利用水準がそのヒントになる。月利用高にして2万円。ここが重要な分岐点になる可能性がある。つまりこれ以上の水準が維持できなければ、「主要品目が牽引する共同購入」は危うくなってしまうかもしれない。２００9年度の生活クラブグループ平均の月利用高は2万３０００円を切ってしまった。いまここに相当な危機感をもたざるをえない。

## （4）素性の確かなものを適正な価格で

先の6つの消費材の要件のうち、生産者との提携において重視しているキーワードがある。それは「情報公開」と「適正価格」である。なぜこの2つをキーワードとするのか。それはこの2つが「素性の確かなものを適正な価格で」という第三の基本理念につながるからである。一般の生協や量販店などでは、かつて「より良いものをより安く」という言い方をよくしていた。しかし生活クラブではこの言い方を疑問とし、これに批判的な立場から掲げたのがこの基本理念である。

何がどう違うのか。「より良いものをより安く」という立場は、私たちの感覚からすると「販売者の論理」に重なる。しかし私たちのそれは、生協組織における主人公としての組合員の存在を浮き上がらせる。消費者という受動的なあり方から組合員という主体者への転換。つまり組合員がその材の「素性」を自ら点検し、「適正」な価格かどうかについて判断する。このような「生産」へのアプローチが主体の転換を促す。

「自覚的消費者」という経済評論家の内橋克人氏の言葉がある。筆者はこの言葉に共感し、折にふれて使わせていただいている。商品（生活クラブでは消費材）は安いに越したことはないが、より大切なことは、なぜその商品がそのような価格であるのかがわかること、あるいはわかろうとすること。そして自分の消費行動の意味を客観的に評価でき、自らの価値観で消費行動を律して自分でそれを意味づける。自覚的消費者の意味を筆者はこのように解釈している。

「素性の確かなものを適正な価格で」という消費スタイルの追求は、消費者が主体者としての組合員となり、内橋氏のいうような自覚的消費者となることを目標とする。もとより生活クラブ組合員のすべてがこのようにあるわけではない。昨今それはかなりむずかしい課題になってきていることも事実である。しかし困難ではあっても、共同購入はこういう主体者である組合員を「大ぜい」[6]にしていくこと、これを運動目標にし続けるべきであろう。

**図6－2**　「ライト・ライブリフッド賞」と国連「われら人間：50のコミュニティ賞」

生活クラブは2つの世界的な賞を受賞した。ひとつは「もうひとつのノーベル賞」とも形容されているライト・ライブリフッド賞であり1989年に受賞した。この賞は「現在のもっとも切羽詰まっている問題に対し実際的模範的な回答を示した者」に表彰するといわれている（ウィキペディア）。もうひとつは「われら人間：50のコミュニティ賞」（1995年）であり、これは国連設立50周年を記念する「国連の友」が企画したもので、生活クラブの共同購入運動が「もうひとつの経済活動」として高く評価された。

　2008年のいわゆるリーマンショック以降の世界的な大不況のなかで、小売業界は生協を含め挙げて「低価格」の大合唱である。この結果、小売業は自らの体力を著しく消耗させながら、一次産品をはじめとする国内生産者を追い詰め苦境に立たせている。この状況を根本的に克服するには、困難ではあれ自覚的消費者を群れとしてつくっていく以外にない。

ところで、共同購入を介して主体者となった組合員は、地域における主体者としても登場する。生活クラブにはワーカーズ・コレクティブという、そこに参加するメンバーが自ら出資して経営者として働く、そういう働く場づくりの運動がある。1982年に始めて以来、今日までに600団体を数え、メンバーの総数は1万7000人を超える。このように起業された業種は、食関連（弁当や惣菜等）や生活クラブ生協の業務の請負など多数ある。とくに地域福祉（介護等）に絡む起業が多く、約1.2万人のメンバーが地域で介護等のサービスを必要とする約5.5万人の人びとにそれを提供している。ちなみに生活クラブ関連の福祉事業高は年間112億円ほどになる（2009年度）。

さらに生協とは関係はないが、生活クラブ組合員でもある女性たちのネットワークが、自分たちが住み暮らす街の政治を自分たちのものとする運動を展開している。この結果、かなりの数の地方議員を誕生させてもいるが、これもすでに相当の歴史がある。

これらの共同購入から派生した多様な運動は、国内外から多くの評価を得ている。

## 4　持続可能性を追求する「倫理的経済」

### （1）生活クラブと遊佐町との産直提携

**図６−３**　鳥海山の麓に広がる遊佐町の田園風景

遊佐町は、山形県と秋田県の県境にそびえる鳥海山の麓に位置する、山形県最北の小さな町である。小さいながら、「平成の大合併」といわれる市町村合併を選択しなかった。鳥海山を源とする豊富な湧水は、この町にたくさんの恵みをもたらす。恵みだけでなくその景観がすばらしい。遊佐町は冬の白鳥の飛来数が日本一であり、第81回アカデミー賞外国語映画賞（２００９年）を受賞した映画「おくりびと」のロケ地のひとつにもなった。

この遊佐町と生活クラブとの出会いは１９７１年であった。翌年から本格的な提携関係が始まり、今日までさまざまな試行錯誤を重ねてきた。現在の遊佐町の農業は、①環境保全型農業の推進（特別栽培米等作付拡大１３００ha）、②大豆などの転作作物の確実な需給構造の確立、③施設園芸の導入による経営の複合化、④飼料用米生産による耕畜連携の推進、を特徴としている。遊佐町の農業がこのように特徴づけられるのは、生活クラブとの産直提携の積み重ねの結果である。

遊佐町では主食用米が平年作で18万俵（1俵60kg）ほど生産される。うち10万俵を生活クラブ組合員が年間予約登録を基本に食べている。年間予約登録とは、組合員が一年間、遊佐町の米を食べる意思表示をして消費する仕組みであり、当然のことながら安定供給には都合がよい。しかし予約活動を組織的に展開する毎年の努力は、並大抵ではないエネルギーを必要とする（２００９年度の登録消費量は70・９％の７万９００俵となり、残りの２万９００俵は非登録消費である）。

生活クラブが遊佐町と提携する米は〝遊ＹＯＵ米〟といい、①でいう特別栽培米である。この米は実はブレンド米である。〝ひとめぼれ〟と〝どまんなか〟という品種を8対2の割合でブレンドしている（その理由は後述）。遊ＹＯＵ米は有機米（無農薬・無化学）もあるが、量的に多いのは農薬成分が山形県の慣行栽培基準の半分の「8成分米」[7]である。遊佐町の過半の圃場でこの米を生産することは、町全体が環境保全型農業になるに等しい。

生活クラブの主要な米産地は遊佐町のほかに5産地（長野、栃木、千葉、北海道、岩手）ある。年間の総量で15万俵を消費するが、うち10万俵の消費力を遊佐町に集中投下している。実は遊佐町だけで15万俵強ほどの米を消費した時代（１９８２年）もあった。生活クラブでも年々低下する米の消費量は頭の痛い問題である（利用人員率は40％を切った）。

組合員の購買力を分散させず、できるだけ一点に集中投下する。購買力を結集することによって、地域（「点」としての一部篤農家にとどまらない「面」としての地域）や農業を変えていく。これこそ共同購入のめざすところである。その意味はその材の品質・規格・価格の維持において重要であることはもとより、産直提携の内実を深め（提携する物語を多様に紡ぐ）、行政も含めた産地全体に対する影響力の発揮という意味において重要である（生産する消費者）。

野菜や果物などの提携も早い時期から行なってきた。遊佐町がここ数年、③すなわち施設園芸の導入による経営の複合化に力を入れてきたことから、これらの品目の提携も幅が広がってきたのである。現在遊佐町で生産される野菜や果物の14％ほどを生活クラブ組合員が消費している。また②にある転作作物の大豆も、味噌や納豆などの生活クラブの提携生産者に原料として供給する。大豆もほぼ全量を、そういう形で消費する（09年度実績３５５ha・３２８ｔ）。

とくに最近は２００４年から取り組んでいる飼料用米の生産が町を元気づかせている。これは生活クラブが提携する豚肉生産者向けの飼料原料であり、現在は玄米を粉砕して豚に給餌している。この数年の生産者の地道な努力により、飼料用米生産が日本農業を前向きなものに変える有効な方法であることを実地に証明した。その結果、農業や行政の関係者、あるいは与野党を問わず国会議員等の視察が相次ぎ、その有効性が徐々に知られるようになる。そしていまでは民主党農政の基軸にこれが位置づけられるまでになった。

本稿の冒頭に掲げた遊佐町の圃場地図はこういう実践の結果である。これを主食用米と飼料用米を例にさらに掘り下げてみる。

## (2)「共同開発米」がめざす農業の持続可能性

遊佐町は、かつてはコシヒカリと並ぶブランド米であったササニシキの産地(73年の作付比率96・9%)であり、生活クラブもこの米を産直提携していた。しかもこの町の農業者の気風は、どちらかというと生産の共同化というような議論を拒み、個別完結型農業への志向が強かった(こういう気風を地元では今でも〃一人親方〃といって揶揄している)。

しかし80年代前半に、これを疑問とする声が噴出する。売れることだけを目標とするのではなく、もっと持続可能な遊佐町らしい稲作のあり方はないのか。農業も共同化して農地や機械設備の共同利用を図るなど、中核農家を中心としながらも地域が一丸となって、共同し合う地域営農体制はできないのか。

そこでまずは田植えや収穫などの農作業の時期を分散させて、少しでも作業の共同化を模索しようということになった。そのためには品種の複数化が必要になる。つまり早生、中生、晩生という品種特性を組み合わせて農作業の分散を図るのである。その結果ブランド主義的な種の画一化は止めざるをえない。こうすれば気象変動がもたらす収量減のリスク分散にも役立つ。このように、当時〃ポストササ〃と形容したこの論争は、あるべき「共同開発米」の議論を種(子)の問題へと誘導した。

生活クラブでは野菜や畜種などの種の問題にこだわりをもっているが、それはこの論争がその走りであったかもしれない。ともあれこうして「共同開発米」は、2つの品種をブレンドして食する米になった。隣町の酒田市などでは「はえぬき」という銘柄米が圃場のほとんどを席巻しているが（山形県では昨今〝つや姫〟というブランド米が話題）、このようにして遊佐町では品種の一定の多様性がある。1993年にこの米の名称を組合員の公募で遊YOU米とした。しかしこの米も88年に開発してすでに20年以上になる。次代の「共同開発米」づくりが重要な課題になっている。(8)

米の価格決定については「生産原価保障」を基本理念として協議決定する。その建前は、生産者から提示される持続的生産のために必要な生産原価に基づき毎年議論する仕組みである。ここで「建前」というのは、絵を描くようには事が進まないからである。

実際の価格は、先にふれた量的に一番多い「8成分米」でいうと、09年の1俵単価で1万6400円であった。生産者が提示した生産原価はもっと高い。しかしそうすると生活クラブの側で10万俵の消費量が消化できなくなってしまう。つまり一般の米価との価格差があまりに大きくなりすぎてしまえば、遊YOU米の一般市場に対する価格対抗力が低下する。そうなると消費量に影響が生じてしまう。つまり価格だけではなく量の問題も重要なのである。したがって協議の焦点ないし争点は、これをどうバランスさせるかになる。

価格の問題に関連していうと、「共同開発米基金」という制度を生産者と共同で創設した。これは生産者と組合員が玄米価格の0.5％ずつ、合わせて1％を基金として積み立てる。その目的は気象災害等で作況が極端に悪化した場合、あるいは新たな栽培実験などによって生産者が大幅に減収になった場合に、不足した分を補填するためである。目標を2億円においているが、93年に制度化して5回発動した。２００4年には台風による潮風害で作況が平年作の7割以下となり基金が底を突いてしまった。異常気象が慢性化するなかで基金が枯渇していては不安だ、という生活クラブ組合員の声からカンパ活動が展開され、１７８２万円を集めて基金に補充したこともある。

## (3) 未来志向的な農業へ
### ―飼料用米生産の意義とその可能性―

最後に飼料用米の生産について大急ぎで紹介する。(9) 飼料用米は主食用米の安定生産が大前提である。このことをとくに強調しておきたい。

日本で減反政策が始まったのは１９７０年からである。全国の平均では4割の圃場がその対象になっているが、遊佐町でも3分の1の圃場は転作田としてほかの作物をつくっている。遊佐町の基幹的な転作作物は大豆であるが、連作障害に苦しんできた。このように、減反政策とは米が過剰で消費しきれないために、一定の面積の田んぼに米ではなくほかの作物（転作作物）をつくるのであるが、やむをえない面があるにしろ、やはりこういう農業は後ろ向きであるに違いない。さらによくいわれるように、日本人が１００人の村であったとしたら農業者は3人で、この3人のうちの2人はすでに65歳以上であって、しかも農産物が低価格ときては、元気など出ようはずがない。

一方で中国やインドなどのＢＲＩＣｓと称される新興国の経済発展が著しいが、とくに中国13億人中の沿海部4億人の人びとが、日本人が戦後、経済が急成長した時代に経験した食生活の変化を、猛烈な勢いで追体験している。中国は肉類や油脂類の消費量を急激に増加させながら、穀物輸入国に転換し始めた。もちろん中国にやめてほしいとは言えない。しかしその人口規模とスピードの凄まじさは、昨今の異常気象の慢性化と相まって、世界を一気に食料危機、食料争奪の時代に突入させるインパクトがある。04年に飼料用米生産を始めた当時は、食料危機の到来は近未来の想定であった。しかし08年に世界で流通する穀物の価格が一気に高騰して、食料危機が勃発した。その後さすがに緩和されてはきたがいまも高止まりの状態にある。

ところで日本の畜産は、飼料の多くを他国（おもにアメリカ）に依存していて、国産の畜産物とはいっても飼料の観点からすれば実際は輸入である。しかも生活クラブでは、遺伝子組換え作物（ＧＭＯ）に反対する姿勢を貫いているが、飼料原料になるアメリカのトウモロコシや大豆の畑は年々ＧＭＯの作付面積が拡大して、ＮＯＮ-ＧＭＯの飼料原料を調達することがたいへんむずかしくなってきている。ＮＯＮ-ＧＭＯの姿勢を貫徹するためには、アメリカの農業者との関係強化とともに、飼料原料の国産化の追求が必要になる。

飼料用米の生産は、これらのさまざまな問題を総合的に突破し、とにかく農業を前向きにするきわめて有効な手段である。04年に飼料用米生産に取り組んだ遊佐町の生産者が、先祖伝来の田んぼにすべて田植えができたと満面の笑顔で語った。減反が１９７０年から始まったことを思えば、まさに感

図6－4　「こめ育ち豚」キャラクター

概ひとしおであったことだろう。ともかくもこういう生産者の喜びは嬉しいことである。加えて飼料用米の生産は、主食用米と同じ機械が使えるうえに、大豆の連作障害の解消に役立つこともわかった。これに生産者は大いに喜んでいる。

遊佐町でつくる飼料用米は隣町の酒田市に本社をおく㈱平田牧場の豚用の飼料として全量使用する。生活クラブは平田牧場とも１９７４年から産直提携の関係にある。平田牧場は年間17万頭を出荷し、自社生産を核に傘下の生産者をネットワークしていて、この17万頭すべての配合飼料に、アメリカのトウモロコシに代えて国産の飼料用米を使用する。この豚を「こめ育ち豚」という。飼料原料が国産化された分、輸入原料の代金が国内（地域）還流する（日本がアメリカに支払うトウモロコシの輸入代金は年間約４０００億円～５０００億円だという）。ちなみに生活クラブ組合員はこの17万頭のうちの８万頭弱を消費しているが、この単品結集力も生活クラブの自慢の一つである。

平田牧場の豚は２００日齢で出荷される。これまでは日齢１２１日から２００日までの期間に給餌総量の10％（19kg）に当たる飼料用米を配合してきた。17万頭という数量のため、遊佐町の生産量では足りず（09年度実績２１３ha・１２２３t）、現在は隣町の酒田市、さらには宮城、栃木、岩手の各県へも拡がった。09年の実績は農家総数８３９戸、圃場面積７００ha、収穫量４０００ｔ強であった。

この豚肉の飼料自給率をさらに上げていくためには、飼料用米の配合量を増加すればよい。方法は2つある。ひとつは飼料用米の配合期間の延長。２つは配合率の引き上げである。生活クラブでは２０１０年度に前者を課題とする。飼料用米は平田牧場では日齢１２１から２００日（肥育後期・第４ステージ）まで給餌することはすでにみたとおりだが、これを77日（肥育前期・第３ステージ）からに引き上げるのである。そのため２０１０年の飼料用米の生産は圃場総面積９００ha、収穫量５０００ｔ強を計画した。

しかし問題はコストである。穀物価格の高止まりといわれるが輸入トウモロコシのキログラム単価は20円台である。一方で平田牧場の飼料用米のキログラム単価はこれまで46円であった。この価格差はそのまま豚肉価格に反映する。結果として生活クラブ組合員の家計を圧迫することになる。そこで２０１０年度はこれを36円に引き下げることで、関係者で合意した。現在の経済不況はまともな畜産物の消費をただでさえ鈍化させている。自給率が向上しても消費が低迷しては本末転倒である。関係者全体の踏ん張りどころである。

最後に飼料用米生産を成功に導く要因について記したい。大略して４つの課題がある。ひとつは超多収の実現である。目標は10ａ平均で１ｔの収穫が可能な品種改良と栽培体系の確立である。財政的保護の問題は当面重要だが、これが減額されても一定の収益が期待できるよう多収を目標とすべきである（遊佐町では10ａ当たりの平均収量はまだ６００〜７００kgにとどまる）。関連して飼料用米は主食用米品種がいいのか、専用種がいいのかという問題がある（遊佐町の現状は主食用米品種の〝ふくひびき〟）。これは不正規流通防止の問題とかかわっており、重要かつむずかしい問題である。ちなみに不正規流通防止という点では、量的拡大のなかで流通・保管の体制（区分管理）の問題が重くなってきている。

２つは省力・低コスト技術の確立である。飼料用米は従来の米づくりに縛られない、「まったく新しい穀物」という認識に基づく省力・低コスト栽培への挑戦が求められる。この点は信岡誠治教授（東京農業大学）が強調されている。また家畜排泄物の利活用等、循環の課題に絡めた耕畜連携も重要な課題である。遊佐町では直播、豚尿利用の実験をしている。

３つは長期政策化と財源の確保である。飼料用米の生産はまだ始まったばかりである。日本の食料主権において重要な取組みである飼料用米の生産が定着するまでは、一定の財政的措置は欠かせない。これを〝猫の目農政〟にさせてはならず、また都市と農村の分断に結果するような政争の具（たとえば〝バラマキ〟という誹《そし》り）にされないよう注意が必要である。少なくとも最低5年間は現状のレベルの財政的措置を維持したい。その間に、ここで述べたほかの３つの課題に目途をつける必要がある。

４つは消費者の理解と確実な消費である。飼料用米は消費者の深い理解と確実な需要があってこそ成り立つ。飼料用米の生産は国民的課題となってこそ意義深い。つまりこの取組みは、「生産」と「消費」の分断を克服するための試金石ともなろう。

以上、駆け足で購買力の結集にもとづく「生産する消費者」運動＝面的・複合的な提携関係の構築を課題とする生活クラブの共同購入について紹介してきた。本章では遊佐町の事例に限定したが、生活クラブの産直提携のモデル産地はほかにもあり、飼料用米も肉用鶏、採卵鶏に拡大している（１７６６ha・８６００t）。生活クラブはこれからも、こういうモデル産地をさらに複数化させつつ、この運動の深化と発展に努力していきたい。

**注**

（1）A・F・レイドロー著『西暦２０００年における協同組合』は日本協同組合学会訳編、日本経済評論社、１９８９年。以下「報告」からの引用については煩雑になるのでページ数を略す。２１４ページのレイドローの引用はマルチン・ブーバーの『ユートピアへの道』77ページ。なお本節の補完として、拙稿「『レイドロー報告』を再読する」『社会運動』通巻３６１号（２０１０年４月号、市民セクター政策機構発行）を参照されたい。

（2）神野直彦『「分かち合い」の経済学』岩波書店、２０１０年、53ページ。

（3）ジョルジュ・フォーケ（中西啓之・菅伸太郎訳）『協同組合セクター論』日本経済評論社、１９９１年、27ページ。

（4）G・D・H・コール（森晋監修・中央協同組合学園コール研究会訳）『協同組合運動の一世紀』家の光協会、１９７５年、４３２ページ。

（5）本節は全国農業協同組合連合会が発行する「月刊ＪＡ」通巻６４５（２００８年11号）に寄稿した拙

稿「『自給』『循環』を追求する共同購入をめざして」を大幅に加筆した。
(6) 生活クラブでは多数の主体者たる組合員の存在を「大ぜいの私」と表現してきた歴史がある。そのためここでもこう表記する。
(7) 稲作の農薬は、種子消毒、床土消毒、箱施用、除草剤、畦畔防除、いもち対策、カメムシ対策などの殺虫、殺菌、除草を目的としている。遊佐町の生活クラブ向けの米の生産部会（共同開発米部会）では、これらの農薬についてその使用目的と使い方を見直して、いまでは山形県の慣行栽培基準（16成分）の半分まで農薬成分を減らせるようになっている。「8成分米」とはそういう意味であり、こうした地域ぐるみの「減農薬」により、いまでは1年間に約14ｔの農薬を削減している。液状の農薬は水で希釈して散布するため、この水まで含めると約73ｔもの農薬を削減している計算になる。
(8) 平川南『日本の原像』小学館、２００８年の第2章「米作国家の始まり」を参照。遊佐町の上高田遺跡から9世紀頃の木簡が出土し、そこに古来よりあった稲の品種名が記されていたという。著者は同書で、古来より日本列島の稲作が品種の多様化を意識的に行なってきたことを概括的に跡づけているが、この木簡もそれを物語っているという。
(9) 飼料用米については次の拙稿がある。「生活クラブの飼料用米プロジェクトの到達点」『生活協同組合研究』通巻３９９号（２００９年4月号）、生協総合研究所。「飼料米の利活用と日本農業」『養豚情報』（２０１０年1月号）、鶏卵肉情報センター。

# 第7章　食料主権のグランドデザインと期待される農政

## 1　「直接支払い」

### (1) 民主党政権の「米戸別所得補償モデル事業」

民主党の2009年衆議院選挙マニフェストで掲げられた「戸別所得補償制度」が、同党の大勝と政権交代後、さっそく「米戸別所得補償モデル事業」として2010年度に実施されている。

2010年3月末に閣議決定された「食料・農業・農村基本計画」でも、食料自給率の向上と多面的機能の維持を図るためとして、この制度の導入が明記された。ところが民主党政権のモデル対策の補償金支払いは、WTOドーハラウンドの決着や日米FTA（自由貿易協定）の締結などで、いっそうの自由化による外国産米の輸入増と国産米価格下落を前提にしている。というよりも、米価維持ではなくむしろ下落を誘導して、国産米の輸入米との競争力アップ、できれば輸出を狙うという戦略が背景にありそうである。

２０１０年度の米に関する所得補償モデル事業は、「定額交付金」と「変動部分交付金」が全国一律の単価で、ちなみに定額分は10ａ当たり1万５０００円が、生産調整実施者を対象に支払われる。生産者に直接支払われるということで、「直接支払い」とされている。しかし、これは市場価格と生産費の差額、つまり「不足分」を補てんする「不足払い」であって、正確には価格政策の一種とされてきたものである。不足払い制度を代表するのは、アメリカが１９７３年から95年まで実施してきた不足払いがある。これは、１９３３年に世界大恐慌・農業恐慌に対処する民主党フランクリン・ルーズベルト政権のニューディールの一環として制定された「農業調整法」で導入されたローンレート制という最低価格保障制度に上乗せされたものである。すなわち、セット・アサイド（減反）に協力する農家への補償である。「不足払い」は、国の穀物需給管理政策を補完するものとして実施されたのであって、言い換えれば価格下落を食い止める需給管理対策と一体のものなのである。

したがって、価格政策なしの所得補償直接支払いは、それに必要な財政を際限なく膨らませることで継続実施が困難であり、それだけに生産者に長期的な営農見通しを保証できない。民主党農政は、主食用米の過剰を防ぐために生産調整を維持し、それに米緊急買上げ・備蓄を含めた諸政策を総動員することによって米価の下落を食い止めることが焦眉の課題である。生産費に見合った価格、少なくとも60kg1万6０００円台の市場価格、農家手取り1万4０００円に回復させるという政策価格の実現を政治目標とすることを生産者に公表し、そのうえでこの政策価格目標と市場価格の差額を直接に補償すべきである。それ以外に、米生産農家を励まして水田のフル活用による生産拡大と食料自給率向上は不可能だ。(1)

さて、「日本農業の輸出農業化は可能だ」として自由化と農産物価格の引下げを叫ぶ「農業開国・農業ビッグバン」派が、いまだにメディアにもてはやされている。その代表が、元農林水産省キャリア官僚で、今は財界シンクタンクのひとつ「キヤノングローバル戦略研究所」研究主幹という肩書きで、政府の行政刷新会議「規制・制度改革に関する分科会」の農業ワーキンググループに委員として名を連ねる山下一仁氏である。

山下氏に代表される「農業ビッグバン」期待論者の主張は、ＷＴＯ農業協定は価格支持政策が自由貿易を「歪曲する」ので削減対象だとしており、自由貿易を「歪曲しない」ので削減対象外とされた「直接支払い」政策への転換が国際標準であるとする。そして、この政策転換においてわが国はＥＵやアメリカに後れを取っているとする。この主張は、過剰生産と貿易摩擦に悩むＥＵとアメリカの、ＷＴＯ体制下での価格支持放棄から直接支払いへの農政転換を無批判に絶対視するものだ。

## (2) ＥＵの「直接所得補償支払い」

ＥＵの直接支払いはどのようなものであったか。

ＥＵの１９９２年共通農業政策（ＣＡＰ）改革で導入された価格支持水準の大幅削減は、国際価格並みの水準への事実上の価格支持の放棄であった。そして、それにともなう農業所得減少に対する補償としての直接支払いに始まる直接支払制度は、「デカップルされた、つまり生産とは切り離された」過剰生産の抑制策、したがって、80年代の穀物過剰生産とアメリカ・ＥＵ間の農産物貿易摩擦を緩和する切り札とされたものである。

すなわち、ＥＵの「直接支払い」は、「直接所得補償支払い」と呼ばれるように、それまでの生産費を基準とする政策価格を支える価格政策の放棄と、セット・アサイドの導入によって過剰生産分野である穀物生産の抑制・縮小をめざす、すなわち穀物農業の構造調整政策を強行することにともなう穀物生産者の農業所得低下を、一定期間にわたって補償しようというものであった。したがって、補償を受ける生産者は減反への参加が義務づけられるとともに――ただし平均20ha以下の小規模経営は減反免除――、支払い期間中に生産を停止しても、当該農地への支払いが継続されることになったのである。

問題は、ＥＵの穀物農業分野では、イギリスのイースト・アングリア地方、フランスのパリ盆地を筆頭に、穀物生産にとっては条件の恵まれた地域で１９９０年代には経営の大規模化が進んだこと、加えてイギリスの貴族的大土地所有経営の残存、東部ドイツにおける大型穀作経営――旧東ドイツ時代の大型の生産協同組合（ＬＰＧ）が会社経営として大規模経営を存続――などの存在が、１経営当たりの直接補償支払額を巨額なものにしたことである。支払額は耕地１ha当たりで３５０ユーロ程度になったから、養豚や酪農など畜産を複合する70haから１００haほどの家族農業経営では３万から４万ユーロ（1ユーロが１４０円前後であった２０００年代初めでは、４２０万円から５６０万円）であった。これはまだしもであった。ところが１０００ha規模の大型法人経営では35万ユーロ（４９００万円）になる。とくにイギリスは深刻であった。王室を先頭に、１万haを超える貴族的大所領の巨大経営は、勤労者貧困層への生活保護給付や最低賃金水準とは超絶的な格差の金額を給付されることになった。明らかに、それは所得額の大きい穀作大規模経営への所得移転、つまり逆所得再配分の性格を免れがたいものとなったのである。(2) ＥＵ農政当局は、これに対する厳しい社会的批判に直面して、直接支払いの給付要件として農業経営にクロス・コンプライアンス（環境要件遵守）を義務づけ、大経営への給付逓減措置を導入しつつ、給付金額の引下げと、給付期限の明示をもって対応してきたところである。つまり、価格支持政策から直接支払いへの転換は、穀物農業の構造調整をめざすＥＵ当局の政治的妥協の産物であることを見誤ってはならないのである。

ＥＵのこの穀物価格支持水準の国際価格水準への引下げ、換言すればこの政策価格の放棄という形態での穀物農業構造調整は、範疇的には小農経営を脱して利潤基準の資本制的経営としての大経営が大宗を占める穀作部門であるからこそ可能であったとみるべきである。構造調整の補償として導入された直接支払いは、低下する利潤を一定期間補てんする支払いであって、資本制的経営と親和性をもつものである。

ＥＵのこのような過剰穀物農業の構造調整補償としての直接支払いをＷＴＯ体制のもとでの世界的

趨勢とばかりに、家族農業経営に担われ、その縮小ではなく拡大が求められるわが国の水田穀物農業政策に持ち込もうとするところに大きな錯誤があるとすべきである。わが国農業の基礎である水田農業を発展させて、食料自給率を引き上げ、食料主権を確立するには、家族農業経営、すなわち自家労働力の農業生産労働への投下と労働報酬の獲得を経営目的とする経営に依拠する以外にない。ということは、労働報酬基準の小農的農産物価格の実現をめざした政策価格を強化する以外の政策の選択の余地は与えられていないのである。(3)

なお付言すれば、山下氏に代表される「農業ビッグバン」期待論に共通しているのは、農業（支持）政策の市場介入・価格（支持）政策から直接支払い（それも対象を限定した直接支払い）への農政転換を、「消費者負担」から「納税者負担」への転換であり、価格政策放棄による低農産物価格の実現は、したがって「ともかく安いことは消費者にとって利益」だとするところにある。「農業ビッグバン」期待論の求める直接支払いは、「構造改革を阻害するばらまき」ではなく、「大規模層である主業農家」に対象を限定した直接支払いを主張するだけに、それが逆所得再配分の要求であることとの免罪符としての社会的「公正」性を、「消費者利益」に求めたいということだろう。この消費者負担から納税者負担への転換論は、社会福祉国家とその所得再配分を敵視し、逆所得再配分を要求する新自由主義経済学が多用するところとなった「理論」である。

ジョン・K・ガルブレイス（ハーバード大学名誉教授）はその最晩年に遺言のごとく執筆した『悪意なき欺瞞―誰も語らなかった経済の真相』（佐和隆光訳、ダイヤモンド社、2004年）で、「消費者主権」の主張は「悪意なき欺瞞」だと喝破した。「消費者主権、すなわち消費者が何を買うかの選択こそが、資本主義経済を動かす根本的な動力源に他ならない」とし、「いまや消費者は主権者であって独占資本の支配下にあるのではない」とするのは、まさに「悪意なき欺瞞」であるとしたのである。新自由主義経済学が、国民が「消費者」として政策で支持された価格を直接負担するか、「納税者」として税として間接的に負担するかを、あたかも本質的に差のあるかのごとく言い、「納税者負担」が「消費者利益」に適い、だからこそ社会的に公正だとするのは、まさにガルブレイスが指摘したように、「悪意なき欺瞞」である。

いずれにせよ、「直接支払い」は、最低価格支持政策の補完としての不足払いでないかぎり、わが国のような穀物生産の拡大が求められる輸入国においては、輸入促進と自給率の低減に直結するものでしかないことをしっかりとつかむ必要がある。

## 2　日米安保体制と食料・農業問題

問題は、わが国の食料輸入大国としての存在が、今日の農業危機と食料自給率の低下につながり、それが世界的な食料需給ひっ迫のなかでわが国の食料安全保障を危うくしていることにある。

表7−1を見られたい。わが国は、押しも押されもせぬ食料輸入大国である。2006年の輸入額423億ドルは、アメリカの676億ドル、ドイツの577億ドル、イギリスの458億ドルに次ぐ

ものの、輸出額がわずか20億ドルで、純輸入額４０３億ドルは世界トップである。今ひとつの特徴は、表7-2、表7-3でわかるように、わが国の農産物輸入が特定国、とくにアメリカに大きく依存した構造になっていることである。

大半が家畜飼料としてわが国畜産の頼みの綱となっているトウモロコシ（08年）の輸入量は１６５０万t、うち98・7％がアメリカから輸入され、同国が輸出する４７２０万tの35％に達する。小麦の輸入量は５３０万tで、60・6％がアメリカから輸入され、同国が輸出する２２５０万tの24％。大豆の輸入量は３４０万tで、72・3％がアメリカから輸入され、同国が輸出する３４９０万tの9.7％である。トウモロコシ、小麦、大豆といえば、これはわが国の食料安全保障にとっては、米に次ぐ戦略的な農産

表7－1　わが国とおもな国の農産物貿易（2006年）

（単位：億ドル）

| | 輸入額 | 輸出額 | 純輸入額 |
|---|---|---|---|
| 日　本 | 423 | 20 | 403 |
| イギリス | 458 | 196 | 262 |
| ドイツ | 577 | 474 | 104 |
| 韓　国 | 124 | 24 | 100 |
| 中　国 | 378 | 224 | 154 |
| インド | 71 | 113 | ▲42 |
| アメリカ | 676 | 714 | ▲38 |
| 豪　州 | 57 | 215 | ▲158 |
| ブラジル | 47 | 347 | ▲300 |

資料：農林水産省の作成。

表7－2　わが国のおもな農産物輸入相手国（2008年）

（単位：億円、％）

| | 輸入額 | 割合 |
|---|---|---|
| 世　界 | 59,821 | 100 |
| アメリカ | 19,435 | 32.5 |
| E　U | 7,685 | 12.8 |
| 中　国 | 5,577 | 9.3 |
| 豪　州 | 4,787 | 8.1 |
| カナダ | 4,435 | 7.4 |
| その他 | 17,901 | 29.9 |

資料：財務省「貿易統計」から農林水産省が作成。

表7－3　わが国のおもな農産物輸入品の金額とその輸入相手国のシェア（2008年）

（単位：%）

| | 1位 | 2位 | 3位 | 4位 |
|---|---|---|---|---|
| トウモロコシ<br>5,776億円 | アメリカ<br>98.7 | その他<br>1.3 | － | － |
| 大豆<br>2,448億円 | アメリカ<br>72.3 | ブラジル<br>15.2 | カナダ<br>9.3 | 中国<br>3.1 |
| 小麦<br>3,393億円 | アメリカ<br>60.6 | カナダ<br>23.7 | 豪州<br>15.5 | その他<br>0.2 |
| 牛肉<br>2,225億円 | 豪州<br>76.3 | アメリカ<br>14.1 | ニュージーランド<br>6.1 | その他<br>3.5 |

資料：財務省「貿易統計」から農林水産省が作成。

物である。この戦略的な農産物がアメリカ一国にこれほど依存していることをどう考えたらよいのか。

さて、わが国の敗戦後の連合国軍による「軍事占領」の実質はアメリカ一国の単独占領であって、対日占領政策はアメリカの対日方針によった。そして、貿易自主権を失った占領下のわが国の最初に直面した最大の問題が深刻な「食糧難」、すなわち食料危機であったことが、アメリカ占領軍の利用するところとなったのである。「食糧難」対策として緊急に輸入される食料は、関税を免除された。この免税措置は、米麦から雑穀、穀粉、豆類に始まって、コーンミール（当時多量に配給されたトウモロコシ粉）や砂糖、茶、コーヒー、ジャム、ビスケットなど数十品目が対象となった。

そして、占領軍はこの異例な食料免税を利用して、食料関税の設定に強い圧力をかけることになった。すなわち、占領下の1951年の関税率全面改正に際して、税率は「最低限度の低率」（農産物だけでなく自動車など工業製品も含む）に抑え込まれ、わが国は、アメリカ大資本にとってきわめて有利な販売市場として開放されることになった。占領下のわが国の食料危機と国際価格より安かった国内価格も背景にあって、占領軍の「食料は無税を基本とすべし」とする圧力のもとに、関税率は、米15％、小麦20％、大麦10％、大豆10％などに押さえられた。対日占領政策において、膨大な余剰農産物をかかえたアメリカは、わが国の農産物市場獲得の第一歩を記したのである。(4)

サンフランシスコ講和条約（１９５１年署名、52年４月発効）で軍事占領を脱するはずのわが国は、講和条約と同日に吉田茂内閣が結んだ日米安保条約（旧安保条約）でアメリカ軍の「駐留」を認め、今日に至る対米従属の道を歩むことになる。

そして、この対米従属がまず生み出したのが、53年の「改正ＭＳＡ法」（相互安全保障法）での、アメリカ余剰農産物のわが国への押しつけであった。それは、ドル不足の被援助国がアメリカ産農産物を購入する場合、それに必要なドルをアメリカが融資するが、被援助国はドルではなく自国通貨で代金を払えるというものであった。54年３月に調印された「日米相互防衛援助」４協定では、自衛隊の創設と防衛庁の設置に道を開くとともに、余剰農産物、とくに小麦の輸入が、野党の激しい反対を押し切って強行されることになる。

こうして、「食糧援助に当たって米国が描いた戦略は、援助を呼び水として通常の貿易に移行し、それを拡大することだった。そして日本は米国の期待通り、世界でも屈指の食料輸入大国になった」(5)。

そして、１９６０年に改定された日米安全保障条約に新たに「経済協力」条項として第２条が加えられた。

「締約国は、その自由な諸制度を強化することにより、これらの制度の基礎をなす原則の理解を促進することにより、並びに安定及び福祉の条件を助長することによって、平和的かつ友好的な国際関係の一層の発展に貢献する。締約国は、その国際経済政策におけるくい違いを除くことに努め、また、両国の間の経済的協力を促進する」。

前半の「自由な諸制度を強化する」でアメリカを盟主とする資本主義陣営にわが国を繋ぎ止めるというのも問題だが、とくに後半の「両国間の経済的協力の促進」とは、わが国をアメリカの経済的国益に協力させるということであった。

これを追認したのが、農業基本法（1961年）による農業「近代化」政策であった。ところが、それは、冷戦体制下の対米従属・日米安保体制のもとで、農産物市場開放（とくに麦・大豆・飼料穀物など水田作物の多様化を担うべき戦略的作物）を強制されたなかでのものであったから、基幹農業部門総体の生産力上昇ではなく、水田農業ではもっぱら主穀である米の生産力拡大のための基盤整備事業（構造改善事業）と米需給管理・価格政策（食管制度）を中心に組み立てさせることになった。そして、稲作生産力上昇を基礎づけたのは、食管制度の二重米価制と1960年度以降の「生産費所得補償」水準での生産者米価支持であった。さらにまもなく発現する主食用米供給過剰に対しては、もっぱら生産者への供給量削減（減反）強制をもってするものとなった。主食用以外の飼料化などの米需要拡大や、米との収益性格差を縮小させて麦・大豆など主要転作作物の本作化を誘導するなどの水田農業の総合化に道をつけることをしなかったのである。低廉な麦・大豆・飼料穀物の対米輸入依存は、財界主導の外需依存型経済成長戦略と低賃金政策の前提とされてきたからである。

こうしたことが、日本農業を東アジア・モンスーン気候地帯における最も環境適合的な水田農業における土地資源のすべてを生かしての農業展開、すなわち田畑輪換と輪作体系への農法転換をともなった本格的な水田複合経営の形成を阻み、水稲単作型大経営にのみ水田農業の構造改革を求めるような政策に収斂させることになった。他方で、農業基本法農政の選択的拡大の対象となった作目では、都府県の畜産が耕種部門との結合が弱く、輸入低廉飼料穀物に依存した加工型畜産への展開に道を見出さざるをえず、農地開発・土地基盤整備事業による園地拡大が果樹野菜園芸の大産地を生み出した。「主業経営が生産の大宗を担う農業構造」がほぼ成立した部門は、いずれも農地開発（土地資源の絶対的拡大）が入植や増反による効率的経営を可能にする経営規模の実現につながったことを確認しておく必要がある。水田農業においても、大規模稲作経営がその大宗となるのは八郎潟に典型的な水田開発地に限られる。

## 3　日本農業の進むべき道
### ―食料主権のグランドデザイン

さて、それでは日本農業はいかなる発展方向をめざし、わが国の食料主権の確立を支えるべきか。ここでは、日本農業の根幹をなす水田農業のめざすべき発展方向と、それを可能にする農政がいかにあるべきかを提案したい。(6)

## （1）水田農業に期待される発展方向

わが国水田稲作農業は今、生産費以下への米価下落に苦しめられ、とりわけ生産条件の厳しい中山間地域では耕作放棄が深刻化している。このような稲作の危機的状況のなかにあって、水田農業に期待されているのは何か。

地球温暖化と世界的な食糧需給ひっ迫のもとで食料自給率を向上させることが、わが国の食料安全保障にとって不可欠となっている。それだけに、この食料自給率の向上という国民的課題に応えることが、わが国農業の基幹部門たる水田農業に課せられた第一の課題である。同時に、農業危機がとりわけ深刻で、「限界集落」が増える中山間地域においては、集落の再生を担うべき定住人口の就業の場、所得源になるという役割が水田農業には期待されている。

本格的な食料自給率向上をめざすということは、これまでの、日米安保体制が強制したアメリカ産穀物の大量輸入、すなわち過剰生産と補助金つきダンピング輸出に規定され、購買力平価に倍する円高による、まさに価格破壊の低価格による大量輸入に依存した食料供給と、それが歪めてきた農業生産構造を抜本的に転換する以外にないということだ。そして、そのような転換に何よりも求められるのは、水田農業の米単作からの脱却、すなわち複合的・総合的発展を通じて農業生産力を引き上げることである。

農法転換を含むその基本線を要約すると以下のようであろう。

第一に、水田の基盤整備と田畑輪換を最大限推進し、主食用米の完全自給を確保したうえで、麦・大豆・飼料穀物、そして油糧作物、野菜類などの生産拡大を本格化させるべきである。飼料穀物としては、ホールクロップサイレージ米や飼料米など主食用米以外の米が重要である。さらに水田作物として雑穀やソバも見逃せない。油糧作物としては、ナタネ、ヒマワリ、さらにエゴマなどが重要である。

第二に、レンゲソウを裏作に組み込んだ普通期作稲作と養蜂の連携や、トキ・コウノトリ・鶴などと共生する環境保全型農法への転換を、水田や湿地が保全する生態系の維持をめざす環境保全型水田農業の展開に位置づけるべきである。とくに西日本では、地球温暖化によるとみられる夏季の高温障害に対しては、4月・5月田植えの早期米にシフトしてきた稲作を6月田植えの普通期作に戻すことで、麦作等を加えて水田をフル活用しつつ、環境保全型農法を展開していく道が開ける。

第三に、水田における牧草栽培と放牧利用、さらに里山牧野利用の一体化を含めて、中山間地域での水田と里山の一体的利用の再生をめざすべきである。近年深刻化している鳥獣害被害に対する対策と結合しての取組みが期待される。

第四に、地域内での耕畜連携を推進することで、加工型畜産を畑・水田一体的利用の土地利用型畜産に本格的に転換させることが求められている。酪農・肉牛・養豚などの畜産経営の飼料穀物・牧草栽培のための水田利用を推進すべきである。

ここで、要約した水田農業の展開方向については、すでに多くの先学が、緻密な研究を進めてきたところである。その代表例として、磯辺俊彦『日本農業の土地問題―土地経済学の構成』（東京大学出版会、１９８５年）や同氏編『危機における家族農業経営』（日本経済評論社、１９９３年）をあげることができる。磯辺氏は、「ムギ輸入・米自給という形での戦前来の米麦二毛作の基本構造の確実な破壊」、すなわち「分断の生産力構造」だと指摘し、この「分断の生産力構造」を打破して日本型農法の再構築を実現することこそ日本農業にとっての現代的課題であるとして、「水田と畑の統合としての有畜複合輪作の田畑輪換農法を基本の理念型としながら、中山間地をも含めた日本農法の新たな多様な構築が当面の課題なのである。そのことを抜きにして、いかほど単作型の稲作農業の規模拡大を図っても労働力の年間就業は困難であり、他方で輸入飼料に依存するゆえに糞尿処理に困難する加工型畜産農業を含めて、いずれの場合にも、本来の土地利用型農業としての経営的自立は不可能であろう」（『危機における家族農業経営』21ページ）としたのである。

そして、農法転換を含むこのような水田農業の複合的・総合的発展を誰が担うかである。もっとも現実的であるのは、平坦地における水田農業の複合化・総合化では、３～10ha規模の複合集約経営を基幹的経営とし、それを10haとか20haを超える大型経営や農業生産法人が補完する農業構造によって実現していくことであろう。中山間地では水田と里山一体的利用を、２ないし３haに満たない小規模の準主業農家や兼業型農家が主体となって、それを機械利用組合や集落営農等の協業組織が支えるなかで実現していくということであろう。里山利用では落葉果樹や原木乾シイタケなど特用林産物や、小規模和牛繁殖などの複合農業を再生させるべきである。

## (2) 水田農業の複合的・総合的発展を支える農政への転換

農法転換を含む水田農業の複合的・総合的発展を実現していくには、農政の転換が不可欠である。生産費割れの米価下落に経営危機を深め、経営規模拡大どころか後継者の確保にさえ苦しむ主業農家を含む稲作農家の現実をリアルにふまえ、水田農業に課せられた課題の実現に道を開く農政が求められる。

第一に求められるのは、生産費を補てんする米価の確保をめざし、それが達成できなかった場合に所得補償制度で補てんすることである。国内消費量の1割に近いミニマム・アクセス（MA）米の価格引下げ圧力はあるものの、米は、輸入禁止的関税を維持することで海外の安価な米市場との遮断が可能である。主食用米の生産調整に加えて、緊急買上げや備蓄量の上乗せなどを含む国の需給管理政策の強化によって、生産者米価を生産費を補てんする水準に回復させるべきである。

稲作を担う経営の大宗は、範疇としては利潤ではなく労働報酬の獲得をめざす家族制農業（小農経営）である。「農産物価格と生産費」を分析した栗原百寿によれば、小農にとっては、何よりも自家労働力をフルに投下できる生産活動が保障され、生産物の販売収益から得られる所得によって「社会的に要求される生活水準を実現するために」「少しでも有利な状況での農業生産物の生産へと、農産物の転換ないし農業生産力の高度化をはかってゆく」（『栗原百寿著作集Ⅷ　農業問題の基礎理論』校倉書房、1974年、94ページ）のであって、水田農業に課せられた課題を前提にするならば、その基幹作物である水稲には、目標価格を設定し、毎年作付け前にその水準を公表し、それへの回復と安定をめざす政策を総動員することが求められる。

目標価格は、中規模層以上の生産費基準ではなく、販売農家の全算入平均生産費とすべきである。平成20年産では、それは60kg当たり１万６４９７円である。それでもなお生産者米価が目標価格を下回る場合には、その不足分を所得補償支払いすべきである。

このような価格政策は、生産調整に参加しない生産者（フリーライダー）を利するので採用すべきでないとする議論がある。民主党政権の農水相も、それを理由に、米貨下落に対して緊急買上げを求める生産者団体の声を無視している。しかし、この間の「米政策改革」によって生産調整は事実上の生産者の自主的参加とされながらも、「米戸別所得補償モデル事業」の所得補償支払いの対象者が生産調整参加者に限定され、同時に実施されている「水田利活用自給力向上事業」において、新規需要米（米粉用・飼料用・バイオ燃料用・ホールクロップサイレージ用）に10ａ当たり８万円の交付金が支給されることで、北陸・東北日本海地域の米単作地帯でも生産調整への不参加者は少数になっている。関東・東北太平洋諸県で問題になっている過剰作付けは、その多くは経営規模１ha以下の販売量の小さい兼業農家、しかも中山間地に多い農家によるものであり、中山間地の零細経営には水田の保全のために生産調整は免除されてしかるべきである。いわゆるフリーライダーを利するというのは為にするものであって、緊急の米価下落対策を忌避する農林水産省は、もう一段の米価下落を政策の落としどころと考えているのではあるまいか。

麦・大豆等は水田農業の戦略的作物でありながら、安価なアメリカ産品の流入を遮断できない。これらについては、水田における複合的生産の本格的拡大を可能にするために、米との収益性格差を大幅に縮小させる不足払いなど、品目別所得保障制度が不可欠である。米価の生産費以下への下落をストップさせて稲作農家の経営意欲を支え、生産調整への参加と麦・大豆等の積極的な生産を奨励することによって初めて水田利用率の向上につながり、食料自給率向上に貢献する水田農業の総合的発展の道が開けるというものである。

生産者米価を販売農家の全算入平均生産費を基準とする目標価格の水準に回復させるには、以下のような国の米需給管理対策が不可欠である。アメリカの補助金つきダンピング輸出とその手を押さえられないＷＴＯ体制と、アメリカ産麦・大豆・飼料穀物の大量輸入が前提とされてきた穀物供給構造のもとでは、目標価格水準への米価回復・安定には、国境管理と国内市場への介入を含む需給管理に国が責任を負う以外にない。

### 主穀（米・麦）の国家貿易維持とＭＡ米の見直し

ＷＴＯドーハラウンド農業交渉での関税率引下げとＭＡ米数量引上げに最大限抵抗し、輸入禁止的関税率の維持を優先すべきである。ドーハラウンドのファルコナー議長妥結案の一般品目70％関税引下げでは、米関税率３４１円（１kg当たり）は１０２円となり輸入禁止的関税率は維持できない。米を重要品目、したがって一般品目の３分の１の関税削減（23・３％）で２６２円に留めるという選択にすべきである。この場合、同じくファルコナー議長妥結案では輸出国の要求を飲んで関税割当枠の上乗せを求めており、現在の76・7万ｔ（現在の国内全消費量９３５万ｔの8.2％）に加えて、９３５万ｔ×最低４％＝37・４万ｔ、したがってＭＡは１００万ｔを超え１１４・１万ｔになる。

米・麦の国家貿易を維持するとともに、米輸入におけるＭＡ機会（最低輸入量）についてのこれまでの政府統一見解である「国自らが国家貿易品目の輸入枠を設定すれば、通常の場合、国には設定数量を輸入する義務がある」を見直し、「輸入機会の提供」という原則の堅持に転換すべきであって、１１４・１万ｔはその「輸入機会の提供」上限であって、輸入義務とはしないこと、そのうえで、売買同時契約（ＳＢＳ）方式での主食用米の輸入は廃止し、一般取引での加工用米・援助用米に限定すべきである。

**政府主体による主食用米生産調整の継続と用途別の米管理**

①主食用米の生産目標数量は平成20年度配分枠（８１５万ｔ・１５４万ha）を維持すべきである。ただし、中山間地等直接支払いの対象水田27・７万haについては生産調整を免除すべきである。そうすると、生産量は１５４万ha・８１５万ｔと中山間地水田の従来の減反分として約８万ha・30万ｔの合計である８４５万ｔとなる。転作助成金については、平成21年度までの地域ごとの産地づくり交付金の水準を確保すべきである。

②加工用米は播種前契約として徹底した管理……加工用米としての需要は４万ha・20万ｔ程度を見

込み、主食用に流通することがないように播種前契約を徹底すること、生産費と販売価格との差額は補てんすることが求められる。

③新規需要米についても播種前契約として徹底した管理……飼料用米、ホールクロップサイレージ米などの新規需要米についても徹底した管理下におくとともに、食料自給率向上のために誘導すべき補てん水準で措置すべきである。農林水産省試算の食料自給率50％達成のイメージ等にもとづくと、米粉用米50万ｔ（10ａ当たり５００kg収量として10万ha）、飼料用米需要量80万～１００万ｔ（同じく収量７００kgとして11万ha～14万ha）、ホールクロップサイレージ米10万ｔ（同じく収量１ｔとして１万ha）の生産目標となる。合計では約20万ha・１５０万ｔである。

④篩下米《ふるいしたまい》を他用途に転換……玄米の選別過程で発生する篩下米（40～50万ｔ）が主食米に逆流して低価格米原料として混米されないように、着色して主食用米から除外する。

**麦・大豆・飼料の増産**

麦・大豆・飼料など水田重要品目の増産のために、品目別の所得補償支払いで生産費をカバーすべきである。これら作目の自給率向上における戦略的位置づけを明確にするために、生産費を中規模層以上の水準を基準にするのではなく、販売農家の全算入平均生産費とすべきである、小麦では60kg当たり８０４５円（08年度）、大豆では同じく１万９８０３円／60kg）となる。このような支援策を準備し、わずか26・５万ha・１１０万ｔにまで落ちた国内産麦（小麦、二条大麦、六条大麦、裸麦）

（平成20年度）の生産を拡大すべきである。

小麦は08年度産88・2万ｔを２０２０年には１５０〜２００万ｔの生産目標とすべきである。大麦・裸麦（同21・7万ｔ）を同じく１００万ｔの生産目標とすべきである。

大豆は、08度産14・7万ha・26・2万ｔを１００万ｔに引き上げるべきである。

飼料は、07年自給率25％を２０１５年自給率として40％を目標にすべきである。そのうち粗飼料は、07年度供給量５５１万ＴＤＮ（可消化養分総量）ｔ・自給率78％を、15年供給量５９０万ＴＤＮｔの１００％自給目標の前倒し達成（稲発酵粗飼料、青刈りとうもろこし等の増産20万ha）、濃厚飼料は07年度供給量１９７８万ＴＤＮｔ・自給率10％の、15年供給量１８２５万ＴＤＮｔの14％自給目標の20％への引上げをめざすべきである。

**穀物備蓄制度の充実**

国による穀物需給管理でとくに期待されるのは、ＷＴＯ農業協定で削減対象外（緑の政策）の「食料安全保障のための公的備蓄」の活用である。主要穀物（米・麦・大豆・飼料穀物）全体の備蓄体制を抜本的に強化すべきである。

備蓄は国家備蓄（政府倉庫）に加えて農協や食料関連企業（民間倉庫）に備蓄を義務づける。保管形態は棚上げ備蓄を主とする。

米は現行の「適正水準１００万ｔ」（年間需要の約1.4か月分）」を最低３か月分に引き上げる。「東アジア協同体」の域内コメ備蓄制度に主導的に参加する。小麦は現行の食糧用の国家備蓄（年間需要の約1.8か月分）・民間備蓄（0.5か月分の在庫）を食料用に限定せず最低3か月分に引き上げる。大豆は現行の食品用国家備蓄（年間需要の約2週間分）・民間備蓄（約17日分程度の在庫）を最低3か月分に引き上げる。飼料穀物は現行の国家備蓄（配合飼料主原料であるトウモロコシ・コウリャン・米）の年間需要の約1か月分約95万ｔ（うち35万ｔは政府倉庫にＭＡ米を保管）を最低3か月分に引き上げる。ちなみに、わが国の穀物備蓄水準は穀物輸入国としては低すぎるのであって、スイスだけでなくドイツやフィンランドは、国家（1年分）、食料関連企業（4か月分）の備蓄を義務づけ、同時に家庭備蓄（おおむね2週間分）を奨励している。[7]

## （3）食料主権の確立をめざして

以上の対策で実現すべき生産努力目標（2020年）は、水田235万haを維持するとして、水田利用率は水稲（主食用米162万ha＋加工用米4万ha＋新規需要米25万ha、合計191万ha）、麦65万ha、大豆40万haで126％になる。これにナタネ10万ha、レンゲソウ10万haを加えれば316万haで利用率は134％に達する（表7-4　水田と主要作物作付面積）。

収穫量は米1015万ｔ（主食用米845万ｔ・加工用米20万ｔ・新規需要米150万ｔ）、麦250万ｔ、大豆100万ｔが目標となる。この総生産量1365万ｔは、1975年の生産量1400万ｔには届かないが、それに近い水準にまで生産を回復させる、しかも米一辺倒ではなく麦と大豆

**表７－４　水田と主要作物作付面積**

（万ha）

| | 水田面積 | 主要作物の作付面積 | | | | | | | 水田利用率（％） |
|---|---|---|---|---|---|---|---|---|---|
| | | 米（主食用） | 加工用米 | 麦 | 大豆 | ナタネ | レンゲ | 飼料作物野菜 | |
| 1960 | 317 | 315 | | 66 | 51 | 9 | 27 | | 130 |
| 1965 | 315 | 312 | | 90 | 18 | 4 | 17 | | 140 |
| 1975 | 296 | 272 | | 8 | 9 | | | | 98 |
| 1980 | 286 | 238 | | 21 | 7 | | | | 93 |
| 1989 | 269 | 210 | | 26 | 15 | | | | 93 |
| 1995 | 258 | 211 | | 12 | 7 | | | | 89 |
| 2003 | 244 | 167 | | 18 | 15 | | | | 82 |
| 2007 | 239 | 171 | 3 | 10 | 10 | | | 30 | 81 |
| 2015 | 239 | 165 | | 28 | 14 | | | | 87 |
| 2020 | 235 | 162 | 29 | 65 | 40 | 10 | 10 | | 126 |

資料：農林水産省統計表から作成。
注：水田利用率は米・麦・大豆の合計作付面積の利用率。

も本格的に生産を回復させようという目標である（表７−５　米・麦・大豆国内収穫量と穀物・大豆輸入量）。麦や大豆の輸入量はそれぞれ１００万ｔ前後のレベルで減らせるであろう。飼料用米の増産はアメリカ産トウモロコシへの依存度をそれなりに下げることになろう。

ぜひとも農家への政策的支援を強化して、その実現に向けて前進すべきである。そのためには、ＷＴＯ農業協定での小麦５７４・０万ｔ、大麦１３６・９万ｔという関税割当枠内カレント・アクセス数量の設定を、わが国政府の勝手な対米約束である「輸入義務」ではなく、国際基準としての「輸入機会の提供」としなければならない。

ＷＴＯ自由貿易体制は、その限界を露呈している。ドーハ閣僚宣言（01年）で開始されたＷＴＯ多角的貿易交渉は、正式名称は「ドーハ開発アジエンダ」であって、その「作業計画（交渉や決定）」

**表7－5　米・麦・大豆国内収穫量と穀物・大豆輸入量**

（万トン）

| | 国内収穫量 | | | 輸入量 | | | | |
|---|---|---|---|---|---|---|---|---|
| | 米 | 麦 | 大豆 | 米 | 小麦 | 大麦 | 大豆 | 雑穀・トウモロコシ |
| 1960 | 1,250 | 383 | 42 | 10 | 266 | 131 | 108 | 160 |
| 1965 | 1,380 | 252 | 23 | 97 | 353 | 51 | 185 | 438 |
| 1975 | 1,309 | 46 | 13 | 0 | 568 | 212 | 333 | 757 |
| 1980 | 975 | 97 | 17 | 0 | 556 | 208 | 440 | 1,333 |
| 1989 | 1,025 | 136 | 27 | 43 | 529 | 219 | 469 | 1,648 |
| 1995 | 1,072 | 86 | 12 | 50 | 575 | 264 | 481 | 1,701 |
| 2003 | 779 | 105 | 23 | 78 | 553 | 200 | 517 | 1,701 |
| 2007 | 882 | 110 | 23 | 86 | 539 | 190 | 416 | 1,672 |
| 2020 | 1,015 | 250 | 100 | | | | | |

資料：農林水産省統計表から作成。
　　　2020年については、筆者の提案する生産努力目標。

の中心に途上国のニーズ及び関心を位置づけるとすることでようやく開始されたものであった。ところが、農業分野でも具体的成果が上がらないまま交渉が続けられており、10年末の妥結もほぼ不可能な状況にある。

つまり、世界的な穀物需給構造の変化（需給ひっ迫）・食糧価格高騰・世界経済危機のもとで、BRICs（ブラジル・ロシア・インド・中国）の成長にともなって、国際社会における先進国と途上国の力関係の変化を反映して、途上国とくに後発開発途上国の食料安全保障問題が国際社会の最重要問題になった。ところが、世界最大の穀物生産輸出国アメリカが主導するWTO自由貿易体制がそれに応えられないなかで、「食料主権」の確立をめざす真の国際連帯の道をさぐることが今こそ国際社会に期待されているのである。わが国が、アメリカ農産物に依存した危うい食料安全保障から脱却する道は、「食料主権」の確立をめざす国際連帯のなかにこそ見出されるのではないか。

**注**

(1) 民主党政権の「平成22年度米戸別所得補償モデル事業」については、佐藤了他編『水田農業と期待される農政転換』筑波書房、2010年を参照されたい。

(2) イングランドにおける大規模経営への巨額の直接支払いについては、以下を参照されたい。村田武「WTO体制下の農政転換をめぐって」磯田宏・高武孝充・村田武編『新たな基本計画と水田農業の展望・北九州水田農業と「構造改革農政」』筑波書房、2006年、177〜197ページ。

(3) EUの、この穀物農業構造調整の補償としての直接支払いと、条件不利地域対策(1975年〜)に始まり農村環境対策として広がった環境支払いなどの直接支払いを、「価格に関連づけられない政府からの農業経営への所得移転」として、一緒くたにするのは間違っていることも付言しておきたい。支払いが、大規模経営構造が成立しているために逆所得再配分としての性格を強める前者に対して、後者は、農業生産条件で劣る農山村やへき地を保全する、主として草地に依存した小規模酪農経営、さらに面積では大きくても粗放的な放牧畜産経営の経営維持を支援する所得再配分としての性格をもっているのである。

　本節は、村田武「『直接支払い』は危険だ」『現代農業』2010年9月号、352-355ページをもとにしている。

(4) 岡茂男が、『関税政策著作集　第1〜6巻』日本関税協会、1992〜94年のなかで、これを詳細に記録している。

なお、ＧＨＱの対日食料政策や農業政策については、『戦後日本の食料・農業・農村 第２巻（１）戦後改革・経済復興期Ⅰ』農林統計協会、２０１０年や、岩本純明「占領軍の対日農業政策」中村隆英編『占領期日本の経済と政治』東京大学出版会、１９７９年を参照。

（５）岸康彦『食と農の戦後史』日本経済新聞社、１９９６年、１００ページ。

（６）以下は、『徹底討論：農政改革─米・生産調整・水田農業の担い手─』と題した「２０１０年度日本農業経済学会大会シンポジウム」での筆者の報告「食料供給基盤の強化と米政策」をもとにしている。初出は、上記の佐藤了他編『水田農業と期待される農政転換』筑波書房、２０１０年の第８章「求められる需給管理と市場介入による価格政策」である。本章に取り込むにあたり加筆修正している。

（７）穀物備蓄については、大川昭隆「農産物備蓄（上）・（下）」『時の法令』№１８１１・１８１２、２０１０年６月・７月が参考になる。

# 終章　ＴＰＰと農業・食料主権は両立しない

## １　ＴＰＰは東アジア共同体とはまったく異質である

民主党政権の菅直人首相が、まったく突然に、「環太平洋戦略的経済連携協定（ＴＰＰ）」への参加を検討すると表明したのは、２０１０年10月１日に開会した臨時国会の所信表明演説であった。

そして、この関税を原則撤廃して貿易を自由化するＴＰＰに参加するには「農業改革」が必要だと、２０１１年６月に政府の基本方針をまとめるための「食と農林漁業の再生推進本部」（首相を本部長とし全閣僚が参加）を２０１０年12月30日に立ち上げた。そして、同日、「民間有識者」を加えた諮問機関「食と農林漁業の再生実現会議」も発足させた。「民間有識者」には、財界人に加えて、農業構造改革と「農業ビッグバン」を叫んできた研究者も招集されている。

近年一貫して構造改革農政推進の旗を振ってきた東京発メディアからは、「農業改革　霧中の船出」と危ぶまれ、同時に「『農のタブー』破る時」であって、「規模を拡大する農家への支援を含め、政策の照準は強い農業の実現に合わせる必要がある。疲弊する農村の振興策や離農対策などは、これと切り離して考えるべきだ。『農業＝弱者』という前提で進めてきた農政からいかに脱するか。タブーを廃した議論が求められている」（「毎日新聞」２０１０年12月１日）と、叱咤激励されてのスタートである。

菅内閣「新成長戦略」では、農林水産業について、食料自給率50％・木材自給率50％以上という目標に加えて、農林水産物・食品の輸出額が２０１７年には2.5倍の１兆円という「成長産業化」を実現するという。「再生実現会議」の「再生推進本部」への答申も、戸別所得補償を梃子に「国際競争力のある輸出農業の担い手」を規模拡大によって育成するという線でまとめられるのであろう。「民間有識者」は、それを「農業改革」と称し、それが「ＴＰＰへの参加と農業を両立させる」道だと強弁する答申にゴーサインを出すのであろうか。

われわれは、「農業改革」を進めればＴＰＰとわが国農業が両立できるなどとする議論に与するわけにはいかない。第7章でみたように、わが国農業の本来的発展方向であるべきであった水田農業の総合的展開を阻み、畜産を加工型畜産に偏らせながら、「アメリカ一国に依存する食料輸入大国化」を招いたのは、ほかでもない戦後占領軍の対日占領政策とそれを引き継いだ日米安保体制の対米従属であった。この対米従属から脱出しないかぎり、「農業改革」なるものは、地球温暖化と気象災害の激化のもとでの東アジア・モンスーン気候に適合した農業の全面的発展と、「食料・農業・農村基本法」が規定する多面的機能の発揮を実現する農業展開を提起することは不可能である。

「民間有識者」は、1964（昭和39）年に木材のゼロ関税での輸入全面自由化以来、急激に外材輸入が増加し、69年には国産材供給量を上回るまでになり、林業危機のなかで山林管理の放棄と鳥獣害被害が深刻化してきたことを知らないわけではあるまい。TPPは、アメリカとオーストラリア、ニュージーランドという、世界最大の穀物・食肉・乳製品輸出農業に日本市場をゼロ関税で差し出すということである。日中韓3国それぞれの食料自給力を向上させながら、すなわち農業共存を前提にしての共同体づくりの可能性をもつ「東アジア共同体」とはまったく異質である。アメリカ・オーストラリア・ニュージーランド農業にさらされる日本農業とその農地利用は崩壊のほかない。山林に加えての農地の耕作放棄は、いよいよもって国土保全を危機にさらすことになる。高齢化しながらも何とか農山村に定住し、山林農地の維持管理に苦労している農業者を支えずして国土保全の道はない。それとも、自衛隊員を国土保全隊員として、農山村に駐屯させるとでもいうのか。日本農業のめざすべきは、「成長輸出産業ではなく、地方圏の生産機能の空洞化・地域社会の崩壊をストップさせ、地域社会の個性的な生活に必要な地域産業としての再生であろう」（神野直彦『地域再生の経済学』2002年、中央公論新社）。

本書が提案する「食料主権のグランドデザイン」とは、まさに強者の「論理」を排し、真の国際連帯の途をさぐるなかに、わが国農業の総合的展開と食料自給率の向上をめざす国民運動を提起したものである。

内橋克人氏の「『ＴＰＰ開国論』を問う・守るべきは『食糧主権』」と題する、ＴＰＰ開国の合唱に対する痛烈な批判と、「国民の生存権を支える『穀物自給』は先進国の『常識』である」として、「国民の生存権の基本を守る。生存権を脅かす類の国際協定があれば改めさせる。それが先進国の使命である。食（Food）・エネルギー（Energy）・ケア（Care）を自らの社会で確保する『ＦＥＣ自給権』の形成、なかでも食糧主権こそが『あんしん社会』への一歩だ」とする主張を国民世論にしなければならない（『中國新聞』２０１０年11月28日）。

## 2　小泉・竹中路線に戻った民主党

格差・貧困社会を生み出した小泉・竹中構造改革路線から脱する政策転換をめざす「マニフェスト」を掲げて２００７年参議院選挙に勝利し、次いで２００９年衆議院総選挙で大勝して政権交代を成し遂げた民主党であった。国民の政権交代と民主党政権の「マニフェスト」実現への期待はたいへん大きかったのである。

しかし、第一に、民主党政権のつまづきの第一歩となった普天間飛行場移設問題が示したのは、沖縄県民をはじめとする国民の期待に応えるには、これまでの日米安保体制・日米軍事協力に一定の軌道修正を迫る覚悟が政権には求められたのだということである。

第二に、現在の世界同時不況から脱出し、安定的な経済成長と、格差・貧困に苦しむ国民の生活向上を支える経済構造を実現するには、多国籍企業に主導された財界の圧力を跳ね返して、外需依存体質の産業構造を改革して、中小企業・農林水産業に支えられた国内産業の活力回復による内需拡大型経済成長モデルへの転換が求められたのである。菅内閣の「新成長戦略」という名の基本方針は、「強い経済」「強い財政」「強い社会保障」の実現をめざすものだとした「経済・財政・社会保障の一体的立て直し」戦略とされ、そのような経済成長モデルの転換が求められることをそれなりに反映したものではなかったのか。しかし、この「新成長戦略」の7つの戦略分野を掲げた「21世紀の日本の復活に向けた21の国家戦略プロジェクト」では「アジア太平洋自由貿易圏（FTAAP）」の構築を通じた経済連携戦略を推進するために、2010年秋までに「包括的経済連携に関する基本方針」を策定し、それをふまえて、「国内産業との共生を目指しつつ、関税などの貿易上の措置や非関税措置の見直しなど、質の高い経済連携を加速するとともに、国内制度改革等を一体的に推進する」としていた。菅首相に言わせれば、TPPは従来の日本の主張である「ASEAN＋6（日本・中国・韓国・オーストラリア・ニュージーランド・インド）」にアメリカを加えただけだということなのであろう。

しかし、そうではない。「ASEAN＋3」ないし「東アジア共同体」とTPPには決定的な違いがあるというか、むしろ対立物である。TPPは、アメリカ主導で、例外のない関税撤廃、ゼロ関税、モノの取引きから知的財産、企業・資本、労働、環境、政府調達までを覆いつくすものであって、日米安保条約の対米従属のもとにあるわが国を、日米安保条約の第2条でいう経済協力のレベルを超えて、アメリカ主導の経済「共同体」に引きずりこむものなのである。将来的にはアメリカ合衆国第51番目の「日本州」としての「昇格」（じつは降格）もありうるようなものなのである。それは「東アジア共同体」につながるものではなく、その形成を阻止したいアメリカの世界経済戦略としての「環太平洋統合」だとみるべきものなのである。

われわれは、財界・日本経団連を握る大企業はいずれも多国籍企業としての利益追求に狂奔する存在に成り下がっていることを肝に銘じなければなるまい。すなわち、国民経済の安定的発展と国民生活向上という国民の願いと生活権にもとづく要求を無視してはならないことが、いかに多国籍化・国際化しようとも企業の社会的責任であり続けるというまっとうな理念は、闘う労働運動をつぶしたわが国財界にはきわめて希薄になっているとしなければならない。この間の米倉弘昌日本経団連会長の法人税減税要求をめぐる言辞は、財界の身勝手をあからさまにするもので、聞く者をして赤面させるものである。

アメリカ・オバマ政権は、世界不況からの脱出のための輸出拡大戦略をかかげており、自由化の代償を求められるWTOよりもTPPのほうがずっと都合がいいことににわかに気づいたのである。そして、自公政権以来、日本政府と財界が推進しようとする「東アジア共同体」構想や「アジア太平洋経済連携」（ASEAN＋6）がアメリカを排除した「アジア経済ブロック」の形成に向かう危険性を感じ取ったのではないか。そこで、日本を東アジア共同体への道ではなく、アメリカ主導の

ＴＰＰに取り込む戦略がにわかに浮上し、民主党菅内閣は何らかのルートでＴＰＰへの参加を「慫慂《しょうよう》」されたのであろう。普天間飛行場をめぐる日米間のぎくしゃくの修復を求められたのではないか。菅首相の、まったく唐突な臨時国会の開会所信表明演説でのＴＰＰ参加表明は、そのようにでも想像するほかないではないか。

民主党政権の混迷は、菅内閣にいたって、転換をめざしたはずの小泉・竹中構造改革路線への逆戻りをよぎなくされたところにあろう。本書の出版から遠くない時期に、内閣崩壊・衆議院解散総選挙・政界大再編も予想される。そして、ＴＰＰ参加は日米安保体制の深部から湧き上がる戦略であるだけに、ＴＰＰ推進勢力が政界再編後の新政権を握る可能性も予想される。食料主権の確立こそわが国民にとっての喫緊の課題であるとする本書の提案が、ＴＰＰへの参加を阻止する国民運動の盛り上がりに貢献することを心から期待するものである。

## 編著者と執筆分担（執筆順）

［編著者］

**村田　武**（むらた たけし）　まえがき、序章、1章1～5（1）、7章、終章

1942年福岡県生まれ。京都大学大学院経済学研究科博士課程中退。博士（経済学）。愛媛大学社会連携推進機構教授。

［著者］

**山本博史**（やまもと ひろし）　1章5（2）～（4）

1937年愛媛県生まれ。東京教育大学大学院文学研究科（社会学）修士課程修了。博士（学術）。全国漁業協同組合学校講師、農民運動全国連合会（農民連）参与。

**早川　治**（はやかわ おさむ）　2章

1949年愛知県生まれ。日本大学大学院農学研究科修士課程修了（農学修士）。日本大学生物資源科学部准教授

**松原豊彦**（まつばら とよひこ）　3章

1955年大阪府生まれ。京都大学大学院経済学研究科博士課程単位取得満期退学。博士（経済学）。立命館大学経済学部長。

**真嶋良孝**（ましま よしたか）　4章

1949年北海道生まれ。弘前大学人文学部卒業。農民運動全国連合会副会長・国際部長。

**久野秀二**（ひさの しゅうじ）　5章

1968年大阪府生まれ。京都大学大学院経済学研究科博士課程中退。博士（農学）。京都大学大学院経済学研究科教授。

**加藤好一**（かとう こういち）　6章

1957年群馬県生まれ。明治学院大学経済学部卒業。生活クラブ事業連合生活協同組合連合会会長

シリーズ　地域の再生4

# 食料主権のグランドデザイン

## 自由貿易に抗する日本と世界の新たな潮流

2011年２月20日　第１刷発行

編著者　村田　武
著　者　山本博史　早川　治　松原豊彦
　　　　真嶋良孝　久野秀二　加藤好一

発行所　社団法人　農山漁村文化協会
〒107-8668　東京都港区赤坂７丁目６－１
電話　03（3585）1141（営業）　03（3585）1145（編集）
FAX 03（3585）3668　　振替　00120-3-144478
URL　http://www.ruralnet.or.jp/

ISBN978-4-540-09217-6　　DTP制作／池田編集事務所
〈検印廃止〉　　印刷・製本／凸版印刷（株）

定価はカバーに表示

## シリーズ　地域の再生（全21巻）

**▼地域再生の意味をみんなで深め、共有するために**

**❶地元学からの出発**
この土地を生きた人びとの声に耳を傾ける
結城登美雄

**❷共同体の基礎理論**
自然と人間の基層から
内山節

**③自治と自給と地域主権**
グローバリズムの終焉、農の復権
関曠野・藤澤雄一郎

**❹食料主権のグランドデザイン**
自由貿易に抗する日本と世界の新たな潮流
村田武・山本博史・早川治・松原豊彦・真嶋良孝・久野秀二・加藤好一

**▼各種施策を地域になじませ、地域再生に生かす**

**⑤手づくり自治区の多様な展開**
コミュニティの再生で元気な地域づくり
小田切徳美ほか

**⑥自治の再生と地域間連携**
大小相補の地方自治とむらまちづくり
保母武彦・村上博

**❼進化する集落営農**
新しい「社会的協同経営体」と農協の役割
楠本雅弘

**⑧地域をひらく多様な経営体**
農業ビジネスをむらに生かす
秋山邦裕・内山智裕・新開章司

**⑨地域農業再生と農地制度**
日本社会の錘＝むらと農地を守るために
原田純孝・田代洋一・楜沢能生・谷脇修・高橋寿一・安藤光義・岩崎由美子ほか

**⑩農協は地域に何ができるか**
販売を核に4つの特質を現代に生かす
農文協編

**▼地域の個性に満ちた生活文化、知恵や伝承を現代に生かす**

**⑪家族・集落・女性のチカラ**
集落の未来をひらく
徳野貞雄・柏尾珠紀

**⓬場の教育**
「土地に根ざす学び」の水脈
岩崎正弥・高野孝子

**⑬遊び・祭り・祈りの力**
現代のコモンズとローカル・アイデンティティ
菅豊・安室知・藤村美穂

**⑭農村の福祉力**
福祉の原点をここにみる
池上甲一

**▼地域を支える仕事と地域産業おこしのために**

**⑮雇用と地域を創る直売所**
人間復興の地域経済学
加藤光一

**⓰水田活用新時代**
減反・転作対応から地域産業興しの拠点へ
谷口信和・梅本雅・千田雅之・李侖美

**⑰里山・遊休地をとらえなおす**
現代に生かす伝統の知恵
野田公夫・守山弘・高橋佳孝・九鬼康彰

**⑱森業―林業を超える生業の創出**
関係性の再生が森を再生させる
家中茂ほか

**⑲海業―漁業を超える生業の創出**
海の資源・文化をフル活用する
婁小波

**⑳有機農業の技術論**
「つくる農業」から「できる農業」へ
中島紀一

**㉑むらをつくる百姓仕事**
「技術」では地域をつくれない
宇根豊

＊書名は変更する場合があります。
（白ヌキ数字は既刊）